广东乡村振兴典型案例系列丛书

转型与挑战：
广东水稻产业现状与
政策调整

陈风波　　蔡键　　周聪　　唐旺　　著

中国农业出版社
北　京

图书在版编目（CIP）数据

转型与挑战：广东水稻产业现状与政策调整 / 陈风波等著. —北京：中国农业出版社，2022.8
（广东乡村振兴典型案例系列丛书）
ISBN 978-7-109-29693-0

Ⅰ.①转…　Ⅱ.①陈…　Ⅲ.①水稻－农业产业－产业政策－研究－广东　Ⅳ.①F326.11

中国版本图书馆 CIP 数据核字（2022）第 120390 号

中国农业出版社出版
地址：北京市朝阳区麦子店街 18 号楼
邮编：100125
策划编辑：闫保荣
责任编辑：王秀田　　文字编辑：张楚翘
版式设计：杜　然　　责任校对：吴丽婷
印刷：北京中兴印刷有限公司
版次：2022 年 8 月第 1 版
印次：2022 年 8 月北京第 1 次印刷
发行：新华书店北京发行所
开本：700mm×1000mm　1/16
印张：12.75
字数：250 千字
定价：78.00 元

总序

　　党的十九大提出"乡村振兴"战略，标志着我国农业现代化建设进入了新阶段。这也是中国特色社会主义进入新时代在"三农"领域的具体体现。为加快实现乡村振兴，各地区、各部门按照中央的战略部署和顶层设计，凝心聚力、大胆创新、真抓实干，掀起了一个又一个高潮；涌现了大量的典型案例，探索了行之有效的多样化模式。

　　各种各样的实践模式，既体现了乡村振兴的一般性规律，也反映了各地区在体制机制、资源禀赋和经济社会发展水平等方面的差异。各种模式，在制度安排、运行机制、生成机理、驱动因素以及绩效、发展前景和政策诉求等方面，都有着自身特点。针对上述重要领域，以案例形式开展学术研究，比较其共同点与差异性等，总结公有制社会和"大国小农"基本农情背景下乡村振兴的制度、道路、文化等方面所承载的一般性和特殊性，在理论上可以丰富、拓展乃至超越发展经济学、农业经济学等相关学科，在实践中可以使乡村振兴发展得更快、更好。

　　作为改革开放前沿阵地和大湾区主阵地的广东，其城乡关系在某种程度上是中国城乡关系的一个缩影。广东乡村的全面振兴，不但关系到广东能否率先基本实现现代化，也有利于落实习近平总书记对广东"四个走在全国前列"和"两个重要窗口"等目标要求。以案例形式深入研究广东乡村振兴的典型模式，既可以检验和拓展相关理论，也可以在实践方面指导广东乡村振兴，同时可以为兄弟省份提供经验借鉴。基于上述考虑，我们策划了《广东乡村振兴典型案例系列丛书》，以飨读者。由于水平和能力有限，也恳请各位批评指正。

华南农业大学经济管理学院　米运生

前言

　　水稻是广东最大宗的粮食作物，历年的种植面积均占粮食总播种面积的76%以上（叶延琼，2013）。作为广东人日常生活中不可或缺的食物之一，水稻近年的口粮消费量皆超过1 000万吨，并随常住人口的增长而不断增加（曾毓婷、张忠明等，2021）。水稻生产的经济效益越来越低，难以满足珠三角地区农户的收益需求，大量农户开始选择种植高附加值的产品或转换为高收益的经营方式，水稻生产区域逐渐从珠江三角洲地区向粤西、粤东、粤北地区聚集（熊瑞权、谢雁芸等，2021）。目前，广东水稻同粮食产量之比趋于稳定，水稻种植面积出现下降趋势（黄章慧、李梦兴等，2021），而粮食需求猛增，形成4 000多万吨的粮食产销缺口，提高了粮食自给压力（张磊、万忠等，2022）。尽管随着收入水平的提升，食物消费结构发生变化，稻米人均消费处于不断下降趋势，但大量的外来人口以及难以改变的食物消费习惯，对稻米供给的稳定性提出更高要求，保障粮食安全和增加农民收入仍是需要解决的关键问题（姜长云，2005）。

　　随着工业化、城镇化进程的加快，珠三角地区常住人口众多，耕地资源稀缺，是我国的粮食主销区和国内外市场对接点（姜长云，2005）。大量来自湖南、江西、湖北、安徽等地区的大米在广东市场上销售（谈佳隆，2008），而与此同时，广东省也是印度、越南、泰国、巴基斯坦等东南亚国家的重要的出口市场。劳动力成本、土地成本、物质费用不断上涨导致生产成本增长幅度远高于价格上涨幅度，成本利润率偏低，生产风险大幅增加（梁俊芬、周怀康，2017）。在此环境下，如何提高本地的粮食自给率和产业竞争力，保持主粮自主供应和粮食质量安全是广东省水稻产业政策的重点。2018年初，中共中央、国务院印发《关于实施乡村振兴战略的意见》，在此政策指引下，广东省委省政府高度重视"粮食安全"和"食品安全"工作，先后有七个批次共27个丝苗米产业园入选广东省省级现代产业园建设名单，形成丝苗米品牌示范基地40个。

广东省现代农业产业技术体系水稻创新团队的流通与产业经济岗的研究工作集中于如下几个方面：①广东省水稻生产、供给和需求的宏观研究；②广东省水稻成本收益数据的调查和积累；③稻农水稻生产技术需求和科研及技术推广方向的分析；④关于水稻产业政策收集及政策建议。2016年以来，流通与产业经济团队主要进行了如下方面的工作：①收集整理广东省水稻种植面积、产量、区域分布、品种结构以及市场价格数据，收集宏观层面广东省水稻生产投入产出及成本收益数据。②建立覆盖广东省水稻主产区的水稻生产者监测系统，2017—2018年对惠州、汕头、梅州、韶关、连山、湛江、肇庆、阳江和江门等地进行调查，获得727户农户调查数据，在广东省粮食生产情况监测项目支持下，2021年进一步扩大监测范围，按照规模与概率成比例（PPS）的抽样方法，根据各地市水稻种植面积和产量，在镇、村级采取分层抽取，在农户层面采取随机或分层抽取，建立涵盖13个地级市19个县和38个调查村的观察点，调查水稻种植户家庭结构、收入来源、耕地特征、投入产出、成本收益、技术采用以及粮食生产意愿等情况。通过对生产者的调查数据分析，了解水稻生产者技术采用现状和技术需求，评估未来水稻生产技术的发展方向，对重大水稻生产技术进行技术经济评价，特别将关注品种、机械（机械服务）和栽培技术等，为技术专家的研究方向和重要农业技术的推广方向提供建议。③对广东省种粮大户进行调查。2019年1月，研究团队对惠州、汕头、韶关、连山、湛江以及阳江进行调查，共获得 186 个种粮大户的调查数据，具体包括水稻种植大户基本特征、耕地来源以及土地租赁、生产方式和成本收益等方面数据。2022 年 1 月份再次对广东台山、阳江、清远、韶关始兴和南雄、汕头潮阳、梅州蕉岭和兴宁、河源龙川等地的种粮大户进行调查，获得近 200 户种粮大户数据。④对珠江三角洲地区超市大米产品及大米集散市场进行调查，以了解广东省大米市场情况。调查在 2018 年 7—8 月进行，调查集中于广州、深圳、东莞、中山、珠海、佛山六个珠三角城市共 14 个区，总共收集了 80 个超市，其中大型超市 15 家，合计 3 230 条产品记录。⑤对国家及省级层面的水稻相关政策进行总结。

　　本书的内容主要依据广东省现代农业产业体系水稻流通与产业经济团队在过去五年左右的工作，具体内容分为四篇，共 15 章。第一篇为广东省水稻产业整体发展情况的分析，具体分为三章：第一章具体对广东省水稻面积和产量变化、广东省生产布局及变化、广东省近十五年水稻生产空间区域分布变化以及广东省稻谷整体供需进行分析；第二章对广东省近十五年来水稻生产投入产出及成本收益进行分析，具体分析了广东省早稻和晚稻各项成本及成本结构变化、盈利状况以及和其他省份的对比；第三章分析了 1983—2013 年广东省杂交稻和常规稻品种采用及变化趋势、优质稻产业发展情况和机械化技术发展情况。第二篇主要集中于小规模水稻生产户情况的分析，具体分为五章：第四章介绍了广东省粮食生产情况检测系统及调查村基本情况，对监测点选取、样本分布及调查样本整体情况进行详细说明；第五章分析了广东小规模水稻种植户的基本特征，包括农户基本情况、劳动力及非农务工情况、耕地及耕地流转情况、稻谷自给率、销售及家庭消费情况；第六章为小规模水稻种植户的成本收益现状分析；第七章分析小规模水稻种植户的种植模式及技术采用；第八章分析小规模水稻种植户的水稻种植意愿、流转意愿和生产风险。第三篇针对广东省种粮大户进行分析，具体分为四章：第九章分析广东省种粮大户基本情况，包括种粮大户类型、基本信息、资金来源、信贷情况和家庭收入构成，经营者年龄、性别、教育年限、社会地位和户口情况、在家种地年限、投入时间、外出务工经历，同时也对经营者特征和大户耕地特征进行了分析；第十章是针对种粮大户的种植模式、技术需求和成本收益分析；第十一章分析了种粮大户对水稻生产认知，包括大米市场、产业风险、面临问题及未来发展方向等；第十二章针对广东种粮大户机械化采用现状及未来发展前景进行了分析。第四篇是针对广东大米市场的分析。由于市场方面只调查了超市大米市场情况，具体集中于对珠江三角洲超市大米产品情况进行分析，分为两章：第十三章针对超市销售大米的品种及产品规格进行分析；第十四章针对超市大米产品标识、品牌及价格差异进行分析。最后一部分为结论与政策建议。

通过本书的研究我们可以发现，广东省水稻生产正处于转型过程中，受制于成本较高，农户水稻种植效益较低，作为主粮的稻谷总体短缺，每年需要从国内其他省份调入或从国外进口 500 万吨左右的大米以满足需求；从区域布局来看，传统生产条件较好的地区中，珠江三角洲地区水稻面积逐年萎缩，已经不是广东省的水稻重要产区，粤西和粤北地区成为广东水稻主要产区，但几乎所有地区水稻种植面积和产量都难以维持，水田抛荒现象在山区较为普遍；从微观农户生产角度来看，大部分调查区域在考虑人工成本和土地成本后，水稻生产基本处于亏损状态；种植大户生产效率相对较高，但面临土地分散和地租逐年上涨的影响，土地租期也较短，难以从长远角度规划未来生产；从大米市场来看，广东珠三角的超市大米产品已经呈现多样化，优质大米成为主流，产品包装多样，价格也相差较大，说明广东的大米产品细分明显，大米品牌和原料米品质对最终产品价格产生显著影响。

广东水稻产业急需提升产业竞争力。应推动种粮大户补贴和土地流转补贴，使土地流转起来，让种粮的人得到补贴，提高大户种粮积极性；加大农田整理力度，修建机耕路，改善灌溉设施，实现土地的连片经营，降低作业成本和田间管理成本；增加丘陵山区小型农机推广，推动插秧机在平原地区的应用，在适宜地区推广直播稻技术、降低成本，大力发展农业服务市场，特别是产中的无人机喷洒农药服务的推广；在粮食主产区，鼓励建立粮食加工企业购置稻谷烘干设备，解决产后稻谷晒难的问题；大力推广优质高产品种，提升稻谷价格；保护水稻产地环境，减少面源污染和城市废水影响，为生态绿色大米生产提供基本条件；打造优质稻生产基地，构建"基地＋农户＋公司"的稻米全产业链合作模式，构建不同环节利益共享机制，夯实产业基础，打造广东丝苗米品牌。

目　录

第十章　广东种粮大户的种植模式、技术需求和成本收益 / 120

第十五章　研究结论与政策建议 / 173

第一篇

广东水稻产业发展整体情况

第一章　广东水稻产业基本情况

本章对近 40 年来广东水稻产业长期变化趋势进行分析。利用国家统计局宏观数据，从水稻面积、产量及单产的变化和水稻生产布局两个方面进行全方位分析。

一、广东水稻面积、产量及单产变化

（一）水稻面积、产量和单产变化

自改革开放以来，广东省稻谷总产量整体呈下降趋势。如图 1-1 所示，1978—1999 年，稻谷产量总体较稳定，始终围绕 1 500 万吨上下波动。但自 2000 年产量下滑至 1 400 万吨后，稻谷产量便开始大幅下跌，并在 2008 年触底 1 000 万吨。虽然此后产量略微回升，但整体涨幅不大，始终在 1 000 万～1 200 万吨的区间内徘徊。2020 年广东稻谷总产量1 099.6 万吨，比 2019 年增加 24.5 万吨，增长了 2.3%。2021 年广东稻谷总产量 1 104.4 万吨，比 2020 年增加 4.8 万吨。

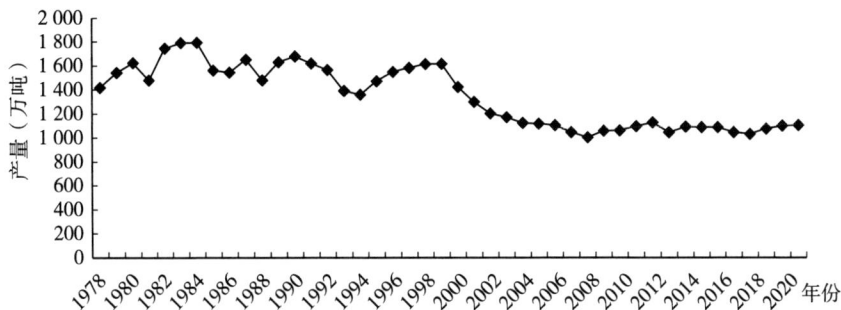

图 1-1　1978—2021 年广东省稻谷产量变化趋势图

数据来源：农业农村部、国家统计局。

3

（二）水稻面积、产量占全国的比重

由图1-2可知，1980年以来，广东省水稻播种面积占全国的比重呈递减趋势。由1980年的占比11.01%下降至2021年的6.11%，下降了4.9个百分点。虽然全国水稻播种面积都处于下降趋势，但广东省水稻播种面积下降幅度更大。

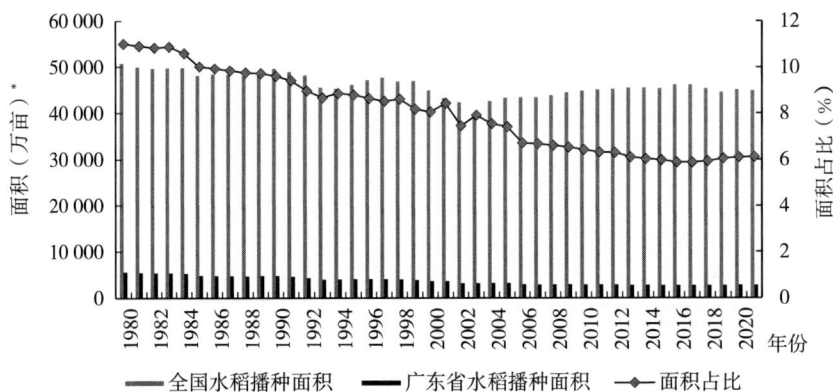

图1-2 1980—2021年广东省水稻播种面积占全国的比重
数据来源：历年中国统计年鉴、历年广东统计年鉴。

从产量上来看，1980—2021年广东省水稻产量占全国的比重也在不断减少。由1980年的占比11.6%下降至2021年的5.19%，下降了6.41个百分点。从图1-3可以看出，全国水稻产量在波动中不断增长，而广东省水稻产量处于持续下降的趋势，因此广东省水稻产量占全国的比重有较大幅度下降。

二、 广东省水稻种植结构及产值情况

从历年广东省早、晚水稻的种植结构来看，广东省杂交稻播种面积均高于常规稻的播种面积，且优质稻的比重很大。从播种面积的变化趋势来看（表1-1），常规稻和杂交稻总体上呈现下降的趋势。虽然早、

　＊　亩为非法定计量单位，1亩≈667平方米。

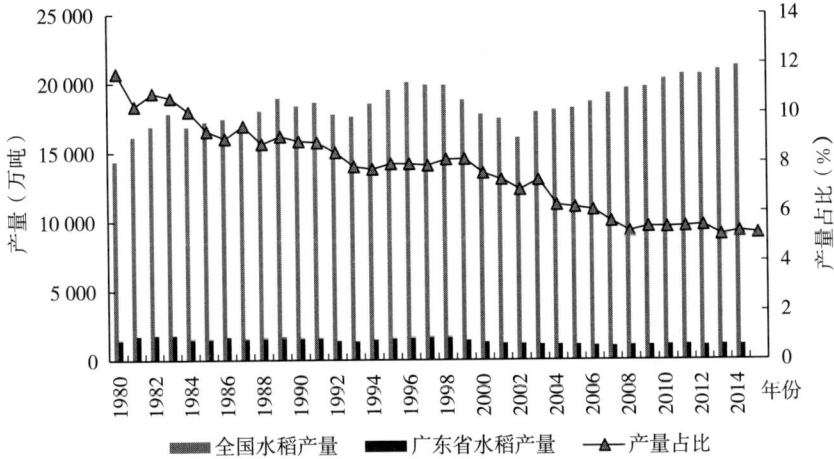

图 1-3　1980—2021 年广东省水稻产量占全国的比重

数据来源：历年中国统计年鉴、历年广东统计年鉴。

晚水稻的播种面积均在下降，但是优质稻在 2010 年至 2020 年的播种面积呈现上下波动趋势，较为稳定，在早稻播种中优质稻平均面积约为969.92 万亩，而在晚稻播种中优质稻平均面积则在 1 089.03 万亩左右，可以看到，广东水稻生产中优质稻品种占有重要地位，普通杂交稻种植面积占比较南方其他省份要低。

表 1-1　历年广东省早、晚水稻的种植结构

年份	早稻（万亩）			晚稻（万亩）		
	常规稻	杂交稻	优质稻	常规稻	杂交稻	优质稻
2010	661.05	811.95	980.70	658.35	932.55	1 064.10
2011	659.70	822.75	987.75	639.60	931.50	1 089.60
2012	632.10	800.25	1 009.95	643.50	925.65	1 147.65
2013	651.00	798.75	1 032.45	636.15	910.35	1 104.15
2014	629.10	801.45	993.60	631.50	903.00	1 143.15
2015	628.05	815.70	1 041.30	627.75	893.85	1 143.15
2016	598.05	787.05	967.50	633.00	898.95	1 180.20
2017	614.25	749.10	999.45	615.45	851.85	1 081.50

（续）

年份	早稻（万亩）			晚稻（万亩）		
	常规稻	杂交稻	优质稻	常规稻	杂交稻	优质稻
2018	589.80	682.95	885.15	614.10	793.35	1 005.45
2019	541.95	709.95	866.40	615.45	823.05	1 025.70
2020	590.30	713.40	904.90	613.40	834.60	994.70

数据来源：历年广东农村统计年鉴。

从历年广东省水稻产业的变化来看（表 1-2），广东省水稻产值总体上呈现上升趋势。在 2015 年之前，水稻产值的增长趋势较为明显，之后基本维持在 330.00 亿元左右。虽然广东省的水稻产值总体上在增长，但是其在农业总产值中的占比逐年下降，2020 年的水稻产值仅占农业总产值的 9.28%，为 2010 年至 2020 年期间的最低值。

表 1-2　历年广东省水稻产业变化

年份	水稻产值（亿元）	农业总产值（亿元）	占比（%）
2010	238.59	1 760.18	13.55
2011	297.89	2 042.15	14.59
2012	320.24	2 229.27	14.37
2013	296.79	2 444.70	12.14
2014	321.51	2 613.18	12.30
2015	340.39	2 793.76	12.18
2016	335.46	3 134.44	10.70
2017	325.36	2 889.97	11.26
2018	325.73	3 089.57	10.54
2019	337.17	3 535.21	9.54
2020	349.76	3 769.26	9.28

数据来源：历年广东农村统计年鉴。

注：本表按各年份当年价格计算；表中占比＝水稻产值/农业总产值。

三、 广东水稻生产的空间分布及演变

从 2020 年广东省水稻播种面积及产量在各地级市的分布来看

（表1-3、图1-4），东莞市的播种面积最少，仅为1.67万亩。湛江市的播种面积最大，为340.14万亩，占全省总播种面积的12.36%。除湛江市外，播种面积在200万亩以上的地市还有茂名市（315.40万亩），江门市（253.51万亩），肇庆市（251.88万亩），梅州市（243.78万亩）。湛江东西洋、茂名、阳江漠阳江流域、台山平原、梅州宁江盆地和河源灯塔盆地、韶关南雄、粤东潮汕平原成为水稻主产区。

而产量方面，在100万吨以上的依次有茂名市（135.00万吨）、湛江市（126.96万吨）、肇庆市（107.36万吨）和梅州市（104.35万吨），排名前四的水稻产量总和占全省总产量的43.08%。在产量排名前四的地级市中，单产最高的为梅州市（428.03千克/亩），茂名市（428.02千克/亩）和肇庆市（426.24千克/亩）与梅州市的差距不大，湛江市单产相对最低，为373.25千克/亩。

表1-3　2020年广东省各地级市水稻播种面积与产量

广东省及地级市	播种面积（万亩）	亩产（千克）	总产量（万吨）
全省	2 751.65	399.61	1 099.58
广州	33.12	350.23	11.60
深圳	1.43	312.09	0.45
珠海	6.63	393.94	2.61
汕头	68.87	474.23	32.66
佛山	9.74	370.80	3.61
韶关	156.02	435.37	67.93
河源	184.22	415.71	76.58
梅州	243.78	428.03	104.35
惠州	130.67	360.61	47.12
汕尾	105.36	359.62	37.89
东莞	1.67	366.28	0.61
中山	2.96	334.76	0.99
江门	253.51	359.95	91.25
阳江	158.67	361.83	57.41
湛江	340.14	373.25	126.96

（续）

广东省及地级市	播种面积（万亩）	亩产（千克）	总产量（万吨）
茂名	315.40	428.02	135.00
肇庆	251.88	426.24	107.36
清远	183.99	337.64	62.12
潮州	48.39	465.79	22.54
揭阳	123.60	424.97	52.53
云浮	131.61	440.86	58.02

数据来源：《2021年广东统计年鉴》。

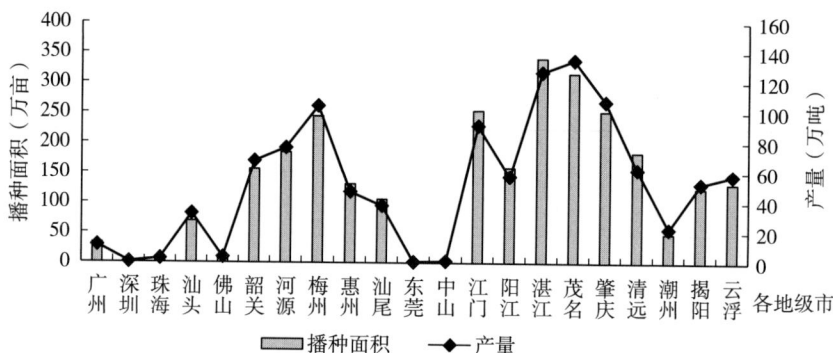

图1-4 2020年广东省各地级市水稻的播种面积与产量

数据来源：《2021年广东统计年鉴》。

从广东全省区域划分①角度看（表1-4），2004—2020年水稻播种面积分布的总体趋势表现为：山区>西翼>珠三角地区>东翼。在产量方面，2004—2006年水稻产量分布的趋势表现为：山区>珠三角地区>西翼>东翼②，而2007—2020年水稻产量分布的趋势则表现为：山区>西翼>珠三角地区>东翼。

---

① 根据广东统计年鉴，珠江三角洲包括广州、深圳、珠海、佛山、江门、东莞、中山、惠州和肇庆。

② 东翼指汕头、汕尾、潮州和揭阳；西翼指湛江、茂名和阳江；山区指韶关、河源、梅州、清远和云浮。

表1-4　2004—2020年广东四大区域水稻种植面积与产量

年份	面积（万亩）				产量（万吨）			
	珠三角	东翼	西翼	山区	珠三角	东翼	西翼	山区
2004	826.26	396.76	757.49	1 062.81	317.94	172.19	296.37	438.02
2005	831.84	398.26	746.98	1 063.37	313.97	171.08	296.84	446.21
2006	870.23	401.50	750.14	1 072.20	326.49	162.08	302.88	451.87
2007	787.16	349.55	784.37	987.41	266.08	130.10	282.16	367.72
2008	784.61	351.40	792.57	991.77	253.48	126.40	257.64	365.78
2009	786.40	353.90	798.91	1 000.35	265.28	132.01	285.87	374.94
2010	781.06	353.39	796.99	997.67	264.99	133.06	286.61	375.94
2011	774.94	351.12	792.38	992.95	275.21	138.79	295.84	387.05
2012	774.63	351.94	799.06	998.43	280.60	142.86	305.60	397.52
2013	757.67	345.01	778.72	981.79	264.13	127.09	281.18	372.60
2014	749.70	341.48	768.71	980.04	275.19	136.50	292.36	387.59
2015	744.18	339.46	767.98	979.33	274.19	136.13	288.74	389.36
2016	741.24	339.69	771.03	980.94	273.02	135.04	289.28	389.73
2017	684.18	341.36	803.60	878.99	254.66	138.53	302.78	350.37
2018	672.62	340.10	792.59	875.79	247.14	138.05	296.96	349.92
2019	675.04	339.47	797.99	878.00	256.02	142.71	314.39	361.93
2020	691.62	346.21	814.21	899.61	265.61	145.61	319.37	368.99

数据来源：历年广东统计年鉴。

具体而言（图1-5）：①在2016年以前，山区的水稻播种面积均在975万亩以上，2018年下跌至876万亩；总产量2006年以前均在430万吨以上，2007年后趋于稳定，在370万吨左右，直至2017年跌至350.37万吨，2020年略有回升，但总体呈下降趋势；②珠三角地区水稻播种面积呈现总体下降趋势、中间略有波动，2014年以前均在750万亩以上，随后逐渐下跌至2019年的675.04万亩，2020年回升至692万亩；而总产量则在2006年达到最高值326.49万吨，2006年后的10年间趋于稳定，在260万吨左右，总体呈现下降的趋势，但2018年较大幅度跌至247.14万吨，后有所回升，2020年上升至265.61万吨；③西翼的播种面积总体略有增加，主要在780万亩左右徘徊，总产量呈增加趋势；④东翼水稻种植面积和产量都是四个区域中最少的且总体表现为逐年减少趋势，近几年波动不大，总体较平稳，播种面积由 2004 年的 396.76 万亩减少到 2020 年的 339.47 万亩。

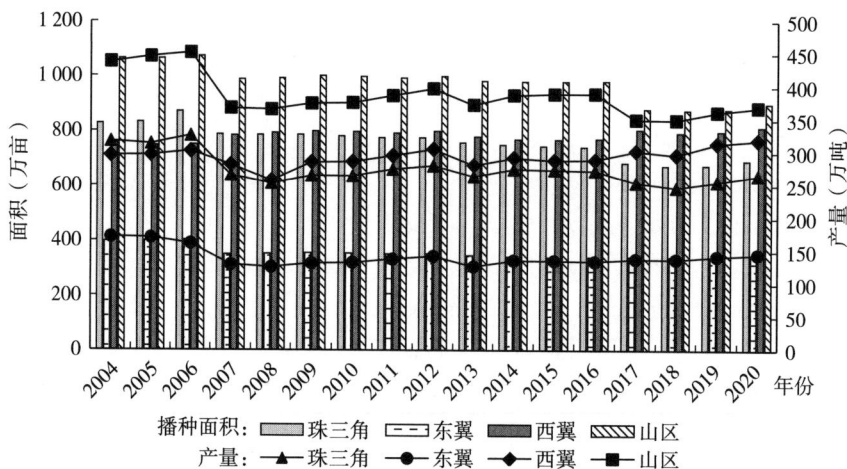

图 1-5　2004—2020 年广东四大区域水稻种植面积与产量

数据来源：历年广东统计年鉴。

注：柱形图为各区域水稻种植面积，折线图为各区域水稻产量。

四、广东省稻谷整体供需分析

如表 1-5、图 1-6 所示，1997—2019 年广东省稻谷总消费量整体变化趋势较为平缓，在 1 400 万～1 800 万吨区间内围绕 1 500 万吨上下波动。1997—1999 年，稻谷总产量高于总消费量；2000—2019 年，稻谷总产量低于总消费量。2008 年稻谷消费量达到最低，为 1 407.99 万吨；2019 年稻谷消费量达到最高，为 1 707.53 万吨。稻谷的口粮消费占总消费的比重最大，80% 左右，比重在逐年减少。1997 年以后，广东省稻谷口粮消费不断减少，从 1997 年 1 367.53 万吨 降至 2019 年的 1 135.64 万吨。稻谷的饲料消费占稻谷消费量的比例不大，整体上广东省饲用稻谷消费呈增加趋势，2013 年以前，消费量维持在 50 万吨左右，2019 年饲用消费达最高，为 130.64 万吨。在稻谷总消费量中所占比例约 4%。工业消费占稻谷总消费呈逐年增加的趋势，乙醇类产品和副食产品生产数量增加导致工业稻谷消费量由 1997 年的 25.42 万吨增至 2019 的 432.57 万吨，在稻谷总消费量中所占比例由 20 世纪 90 年代平均水平的 2% 左右增至 2010 年后的 5% 左右，2012 年后，大幅增至 25% 左右。1997—2019 年水稻种用消费呈逐年减少的趋势，所占稻谷总消费的比例由 8% 下降到现在的 5% 左右。

表 1-5　1997—2019 年广东省稻谷消费情况

单位：万吨

年份	总产量	总消费	口粮消费	工业消费	饲料	种用	缺口
1997	1 582.50	1 538.31	1 367.53	25.42	46.79	121.69	−44.19
1998	1 614.10	1 555.90	1 362.94	27.14	47.32	120.87	−58.20
1999	1 615.50	1 603.75	1 341.18	27.34	84.66	115.09	−11.75
2000	1 423.40	1 587.15	1 350.23	29.42	60.27	111.03	163.75
2001	1 298.30	1 489.32	1 331.12	30.69	47.00	106.62	191.02
2002	1 202.80	1 489.57	1 308.27	34.07	50.29	98.80	286.77
2003	1 170.50	1 503.88	1 314.11	40.89	46.54	95.88	333.38
2004	1 123.10	1 486.72	1 314.66	49.14	58.97	96.25	363.62
2005	1 117.00	1 450.59	1 290.17	51.77	42.81	96.19	333.59
2006	1 104.30	1 452.67	1 277.49	55.97	54.65	94.99	348.37
2007	1 046.05	1 456.48	1 252.79	56.56	52.81	87.25	410.43
2008	1 003.30	1 407.99	1 248.68	56.39	51.80	87.61	404.69
2009	1 058.10	1 428.20	1 255.00	61.11	52.14	88.19	370.10
2010	1 060.60	1 492.15	1 236.00	76.35	53.13	88.83	431.55
2011	1 096.90	1 492.15	1 238.52	78.40	54.15	88.64	395.25
2012	1 126.57	1 495.97	1 240.51	80.50	54.42	88.40	369.40
2013	1 012.80	1 565.19	1 083.24	402.77	70.36	88.19	552.39
2014	1 053.29	1 573.41	1 068.71	417.33	78.52	88.55	520.12
2015	1 040.82	1 608.15	1 061.10	458.12	80.12	88.06	567.33
2016	1 039.53	1 600.77	1 095.50	411.07	85.37	88.26	561.24
2017	1 046.34	1 603.93	1 098.76	416.16	80.21	87.99	557.59
2018	1 032.07	1 577.23	1 111.64	396.47	60.37	87.55	545.16
2019	—	1 707.53	1 135.64	432.57	130.64	86.85	—

数据来源：布瑞克数据库。

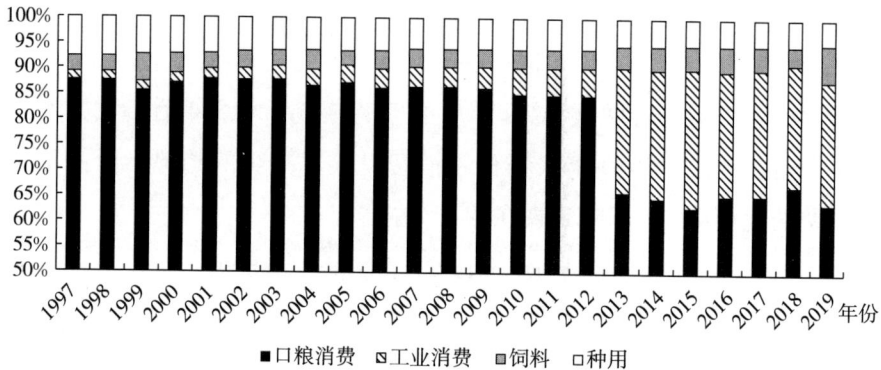

图 1-6　广东省稻谷消费构成及各部分所占总消费的比重

数据来源：布瑞克数据库。

从表 1-5 可以看出，1997—1999 年，广东省水稻产量大于自身消费，2000 年之后，稻谷产量开始供不应求，缺口从 160 万吨逐步增加到 500 多万吨。人均稻米消费量下降，同稻谷消费的增加和外来人口增加有很大关系，反映出广东整体稻米供不应求的基本格局。

五、 本章结论

本章节对广东省水稻产业长期变化进行分析，分为广东省水稻面积、产量及单产变化和水稻生产布局变化两个方面。

（1）自改革开放以来，广东省稻谷播种面积、总产量整体呈下降趋势，但单产增加。近年稻谷总产量下降的趋势有所缓解，产量较为平稳，维持在 1 100 万吨左右。

（2）广东省杂交稻播种面积高于常规稻的播种面积，优质稻占比较大。广东省的水稻产值在增长，但其在农业产值的占比逐年下降，2020年的水稻产值仅占农业总产值的 9.28%，为 2010 年至 2020 年期间的最低值。

（3）2020 年广东省湛江市的水稻播种面积最大，占全省总播种面积的 12.36%；其次是茂名市、肇庆市。2004—2018 年水稻的播种面积、产量分布的总体趋势表现为：山区＞珠三角地区＞西翼＞东翼。而

2007—2020 年水稻的产量分布的趋势则表现为：山区＞西翼＞珠三角地区＞东翼。由于城市化的影响，珠江三角洲地区已经不是广东省水稻种植的主要区域，水稻种植面积下降明显。

（4）1997—2019 年广东省稻谷总消费量变动幅度不大，广东省稻谷消费构成所占总消费的比重从大到小依次是：口粮消费＞种用消费＞工业消费＞饲用消费。当前广东稻谷供给和需求之间的差额在 540 万吨左右，和中国的水稻全年进口量比较接近。

第二章　广东水稻生产投入—产出和
成本收益变动分析

广东水稻的生产收益和成本结构在过去十多年里发生了巨大的变化，生产成本的快速上涨导致近年来广东水稻种植出现普遍亏损的状况。近十年来，广东水稻生产成本投入增加，成本利润率低，生产效益下降。本章主要利用过去十五年来农产品收益资料汇编中的宏观数据，对广东省水稻投入产出和成本收益情况进行分析。

一、广东水稻生产成本结构变化

水稻生产总成本主要包括物质与服务费用、人工成本、土地成本三大部分，其中物质与服务费包括种子费、化肥费、农药费等 16 个核算指标，人工成本包括雇工费用与家庭用工折价两个部分，土地成本包括流转地租金与自营地折租。本书选取广东省 2006—2020 年的相关成本项目数据对广东水稻生产成本构成及变化情况进行分析，发现广东水稻生产成本以物质服务费用为主，三部分的成本近 10 年来均出现快速上涨，其中人工成本涨幅最大。

(一) 早稻

由表 2-1、图 2-1 可知，2006—2020 年，广东省早籼稻的生产总成本由 2006 年的 504.81 元/亩增长为 2020 年的 1 344.71 元/亩，增长了 1.66 倍，年均增长率为 7%。整体来看，广东省早稻生产每亩总成本变动趋势是上升的，其中 2011—2014 年上涨速度较快，随后增势放缓；2012 年突破 1 000 元/亩，2018 年略有下降，2020 年达到近年来的最大值。劳动力成本上涨是总成本增加的重要原因，农户所需生产资料价格的上涨也影响着总成本的变动。

表 2-1　广东省早籼稻生产成本变化情况

单位：元/亩

年份	总成本	物质与服务费用		人工成本		土地成本	
		金额	%	金额	%	金额	%
2006	504.81	231.83	45.92	169.27	33.53	103.71	20.54
2007	558.88	261.92	46.87	179.70	32.15	117.26	20.98
2008	656.67	334.79	50.98	199.19	30.33	122.69	18.68
2009	679.84	319.65	47.02	212.58	31.27	147.61	21.71
2010	739.58	344.92	46.64	249.01	33.67	145.65	19.69
2011	880.48	400.04	45.43	325.12	36.93	155.32	17.64
2012	1 071.18	463.88	43.31	441.98	41.26	165.32	15.43
2013	1 145.98	459.58	40.10	508.31	44.36	178.09	15.54
2014	1 202.52	489.46	40.70	537.68	44.71	175.38	14.58
2015	1 224.75	512.13	41.82	529.84	43.26	182.78	14.92
2016	1 251.17	513.54	41.28	546.44	43.67	188.19	15.04
2017	1 305.84	532.66	40.79	573.70	43.93	199.48	15.28
2018	1 297.76	551.47	42.49	539.98	41.61	206.31	15.89
2019	1 316.50	575.18	43.69	531.86	40.40	209.11	15.88
2020	1 344.71	596.37	44.35	536.81	39.92	211.53	15.73
平均	1 012.04	439.16	44.09	405.43	38.73	167.23	17.17

数据来源：历年《全国农产品成本收益资料汇编》。

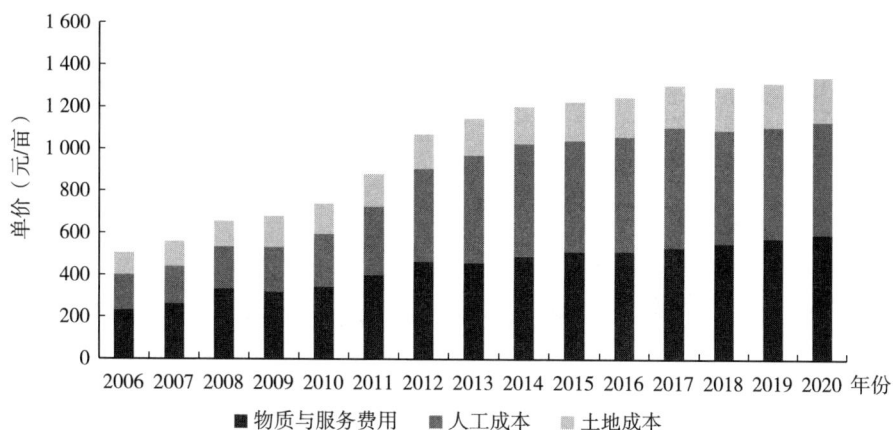

图 2-1　广东省早稻生产总成本构成变化情况

数据来源：历年《全国农产品成本收益资料汇编》。

广东早稻生产的物质与服务费用从 2006 年的 231.83 元/亩上涨至 2020 年的 596.37 元/亩。其中 2006 年至 2012 年上涨较快，2013 年出现下降趋势，2014—2019 年增势放缓。从金额上来看，近十五年上涨了 1.57 倍，但从物质与服务费用占总成本的比例来看，整体呈先下降后上升的趋势，2006 年为 45.92%，2008 年增长至 50.98%，此后一直下降到 2013 年的 40.10%，2014—2017 年波动不大，2018 年后占比有所回升。

广东省早稻生产人工成本呈阶段性上升的趋势，2006 年为 169.27 元/亩，2020 年为 536.81 元/亩，上涨了 2.17 倍。其中 2010—2013 年是快速增长阶段，从 2010 年的 249.01 元/亩增长至 2013 年的 508.31 元/亩，2017 年达到近 15 年来的最大值为 573.70 元/亩，随后在波动中下降。人工成本所占总成本的比例近十年来处于波动状态，总体呈上升趋势，2006 年人工成本占总成本 33.53%，而 2020 年则为 39.92%。

广东早稻生产土地成本从 2006 年的 103.71 元/亩增长至 2020 年的 211.53 元/亩，增长了 1.04 倍。土地成本占总成本的比重由 2006 年的 20.54%下降至 2014 年的 14.58%，随后又波动式上升至 15.73%。

（二）晚稻

由表 2-2、图 2-2 可知，2006—2020 年，广东省晚籼稻的生产总成本由 2006 年的 509.68 元/亩增长为 2020 年的 1 359.71 元/亩，增长了 1.67 倍，年均增长率为 7%。2006—2009 年为缓慢上升阶段，晚稻生产总成本从 2006 年的 509.68 元/亩增长至 2009 年 665.86 元/亩；2010—2014 年处于快速上涨阶段，2014 年增至 1 236.77 元/亩，此后至 2018 年增势放缓，2020 年较 2019 年上涨了 20.67 元/亩，增长了 1.54%。

表 2-2　广东省晚籼稻生产成本变化情况

单位：元/亩

年份	总成本	物质与服务费用		人工成本		土地成本	
		金额	%	金额	%	金额	%
2006	509.68	239.24	46.94	166.73	32.71	103.71	20.35

（续）

年份	总成本	物质与服务费用		人工成本		土地成本	
		金额	%	金额	%	金额	%
2007	554.50	269.43	48.59	168.74	30.43	116.33	20.98
2008	656.28	345.00	52.57	189.86	28.93	121.42	18.50
2009	665.86	314.28	47.20	207.53	31.17	144.05	21.63
2010	770.93	361.71	46.92	258.72	33.56	150.50	19.52
2011	880.00	406.04	46.14	314.22	35.71	159.74	18.15
2012	1 067.66	448.93	42.05	453.59	42.48	165.14	15.47
2013	1 174.56	487.66	41.52	504.00	42.91	182.90	15.57
2014	1 236.77	510.42	41.27	536.21	43.36	190.14	15.37
2015	1 282.28	534.69	41.70	561.66	43.80	185.93	14.50
2016	1 307.32	553.97	42.37	558.63	42.73	194.72	14.89
2017	1 313.15	551.05	41.96	565.01	43.03	197.09	15.01
2018	1 334.05	574.90	43.09	554.92	41.60	204.23	15.31
2019	1 339.04	586.71	43.82	544.92	40.69	207.41	15.49
2020	1 359.71	613.62	45.13	536.67	39.47	209.42	15.40
平均	1 030.12	453.18	44.75	408.09	38.17	168.85	17.08

数据来源：历年《全国农产品成本收益资料汇编》。

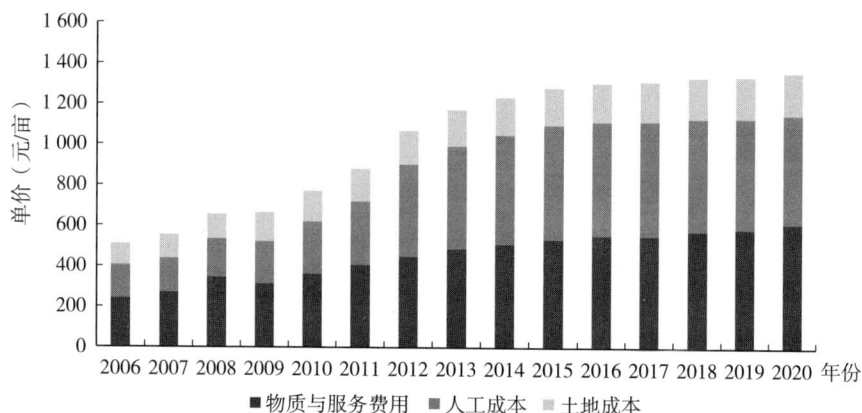

图 2-2　广东省晚稻生产总成本构成变化情况

数据来源：历年《全国农产品成本收益资料汇编》。

广东省晚稻生产的物质与服务费用从 2006 年的 239.24 元/亩上涨至 2020 年的 613.62 元/亩。呈现出较稳定的增长趋势，2009 年出现了一次小幅度下降，从 2008 年的 345 元/亩下降至 314.28 元/每亩。从金额上来看，近十五年上涨了 1.56 倍，但从物质与服务费用占总成本的比例来看，整体呈先下降后上升的趋势，2006 年为 46.94%，2008 年增长至 52.57%，此后直到 2014 年下降至 41.27%，2015—2019 年小幅回升。

广东省晚稻生产人工成本呈上升的趋势，2006 年为 166.73 元/亩，2017 年为 565.01 元/亩，上涨了 1.39 倍。其中 2010—2013 年是快速增长阶段，从 2010 年的 258.72 元/亩增长至 2013 年的 504 元/亩，2014—2019 增长幅度不大。人工成本所占总成本的比例近十年来总体呈上升趋势，2006 年人工成本占总成本 32.71%，而 2020 年人工成本占总成本的 39.47%。

广东晚稻生产土地成本总体呈上升趋势，从 2006 年的 103.71 元/亩增长至 2020 年的 209.42 元/亩，增长了约 1 倍。土地成本占总成本的比重由 2006 年的 20.35% 下降至 2020 年的 15.40%。

二、 近十五年来广东水稻成本收益情况

(一) 早稻

由表 2-3、图 2-3 可知，广东早稻每亩生产总值波动较小，总体保持平稳增长趋势，从 2006 年的 614.27 元/亩上升至 2017 年的 1 220.88 元/亩。其中 2010 年到 2011 年上升速度最快，2011 年较 2010 年增长了 31.6%，达到 1 145.24 元/亩。此后两年出现了短暂的小幅度下降，2013 年降为 1 088.84 元/亩。此后上升至 2016 年，2014 年较 2013 上升了 9%，上升至 1 189.49 元/亩，2016 年至 2019 年出现小幅下降，2020 年反弹至 2017 年的水平。

表 2-3　广东省早稻生产收益变动情况

单位：千克/亩、元/亩、%

年份	主产品产量	产值合计	主产品产值	总成本	净利润	成本利润率
2006	369.00	614.27	602.01	504.81	109.46	21.68
2007	394.60	717.29	703.95	558.88	158.41	28.34

（续）

年份	主产品产量	产值合计	主产品产值	总成本	净利润	成本利润率
2008	380.40	808.59	795.03	656.67	151.92	23.13
2009	416.67	874.14	861.83	679.84	194.30	28.58
2010	404.24	870.40	860.20	739.58	130.82	17.69
2011	424.14	1 145.24	1 134.12	880.48	264.76	30.07
2012	424.40	1 136.85	1 122.28	1 071.18	65.67	6.13
2013	401.80	1 088.84	1 078.21	1 145.98	−57.14	−4.99
2014	420.67	1 189.49	1 176.92	1 202.52	−13.03	−1.08
2015	415.00	1 220.03	1 209.56	1 224.75	−4.72	−0.39
2016	427.25	1 239.80	1 227.09	1 251.17	−11.37	−0.91
2017	416.44	1 220.88	1 210.31	1 305.84	−84.96	−6.51
2018	418.89	1 199.82	1 189.21	1 297.76	−97.94	−7.55
2019	395.18	1 142.23	1 130.92	1 316.15	−173.92	−13.21
2020	424.67	1 214.74	1 204.10	1 344.71	−129.97	−9.67
平均	408.89	1 045.51	1 033.72	1 012.02	33.49	7.42

数据来源：历年《全国农产品成本收益资料汇编》。

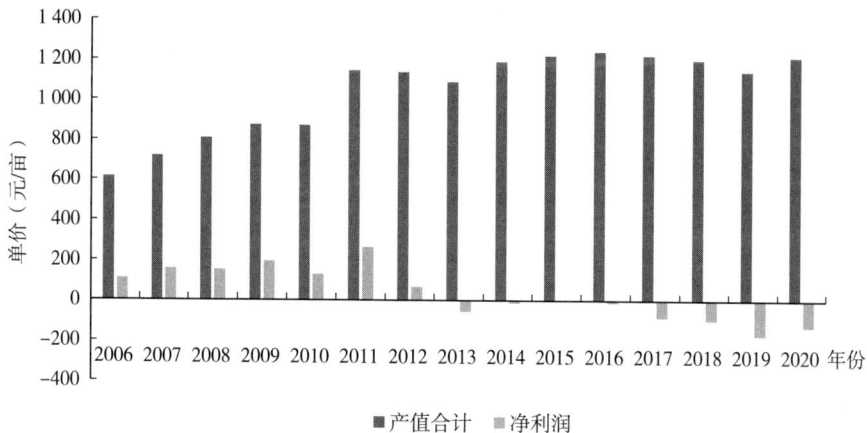

图 2-3　广东省早稻生产收益变化情况
数据来源：历年《全国农产品成本收益资料汇编》。

广东早稻每亩生产净利润波动较大，2013 年首次出现净利润为负的情况，亩均亏损 57.14 元。其中 2006—2009 年是净利润的上涨阶段，三年增长 0.78 倍，达到 194.30 元/亩。净利润最高的为 2011 年，达到 264.76 元/亩。此后出现断崖式下跌，2012 年仅为 65.67 元/亩，较 2011 年下跌了 75.2%，此后利润一直为负，2019 年每亩亏损达到最大值－173.92 元，2020 年亏损小幅减少。

广东省早稻生产成本利润率一直处于波动状态，且波动幅度较大（图 2-4）。由于总成本的逐年增加，净利润的断崖式下跌，成本利润率也在 2012 年出现大幅度下降。2006—2011 年成本利润率基本在 25% 上下波动，2012 年仅为 6.13%，较上年下跌了 23.94 个百分点，2013 年成本利润率出现负值，到 2019 年跌至－13.21%，2020 年亏损情况有所好转。

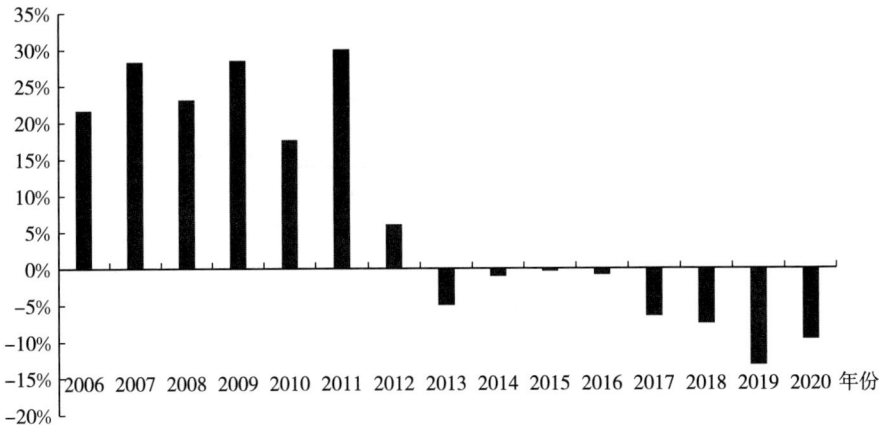

图 2-4 广东省早稻生产成本利润率变化情况

数据来源：历年《全国农产品成本收益资料汇编》。

（二）晚稻

由表 2-4、图 2-5 可知，广东晚稻每亩生产总值波动较小，总体保持较平稳增长趋势，从 2006 年的 738.38 元/亩上升至 2014 年的 1 374.33 元/亩。其中 2010 年到 2011 年上涨速度最快，2011 年较 2010 年增长了 25.4%，达到 1 224.36 元/亩。2013 年出现小幅度下降，由 2012 年的 1 322.62 元/亩下降为 1 153.77 元/亩。此后又开始上升，2014 年较 2013 年上升了 19%，上升为 1 374.33 元/亩，2014—2017 年，晚

稻亩均生产总值逐年下降，这可能是亩均产量减少所致。2018—2019
年产值回升，2019 年产值达 1 387.89 元/亩，2020 年又下降。

表 2-4　广东省晚稻生产收益变动情况

单位：千克/亩、元/亩、%

年份	主产品产量	产值合计	主产品产值	总成本	净利润	成本利润率
2006	391.20	738.38	725.21	509.68	228.70	44.87
2007	400.20	811.25	794.01	554.50	256.75	46.30
2008	371.90	816.85	805.20	656.28	160.57	24.47
2009	382.21	859.79	849.56	665.86	193.93	29.12
2010	390.17	976.56	965.15	770.93	205.63	26.67
2011	386.33	1 224.36	1 213.07	880.00	344.36	39.13
2012	423.01	1 322.62	1 306.93	1 067.66	254.96	23.88
2013	377.30	1 153.77	1 144.06	1 174.56	—20.79	—1.77
2014	426.69	1 374.33	1 362.63	1 236.77	137.56	11.12
2015	394.17	1 282.58	1 270.86	1 282.28	0.30	0.02
2016	389.29	1 278.32	1 266.02	1 307.32	—29.00	—2.22
2017	374.61	1 219.24	1 209.79	1 313.15	—93.91	—7.15
2018	379.83	1 273.60	1 263.82	1 334.05	—60.45	—4.53
2019	423.01	1 387.89	1 378.58	1 339.04	48.85	3.65
2020	393.94	1 372.81	1 363.08	1 359.71	13.10	0.67
平均	393.59	1 139.49	1 127.86	1 030.12	109.37	15.62

数据来源：历年《全国农产品成本收益资料汇编》。

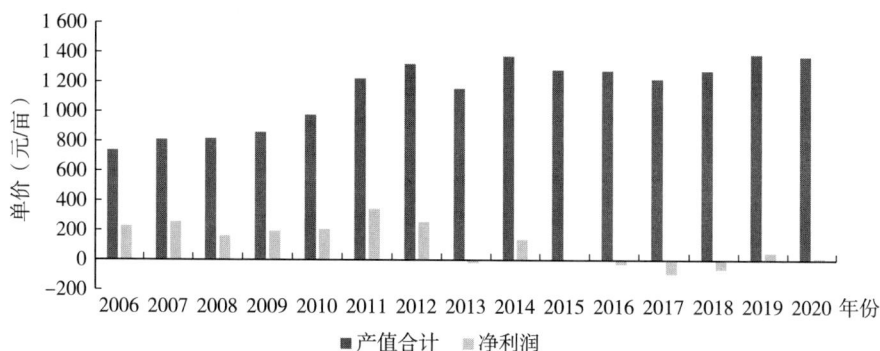

图 2-5　广东省晚稻生产收益变动情况

数据来源：历年《全国农产品成本收益资料汇编》。

广东晚稻每亩生产净利润波动较大。总体来看，广东晚稻生产净利润从 2006 年的 228.7 元/亩下跌到 2017 年的－93.91 元/亩。其中 2008—2011 年为连续上涨阶段，2011 年较 2008 年增长了 114.5%，达到 344.36 元/亩，为净利润最高的一年。此后两年出现断崖式下跌，2013 年首次出现亏损，此后又开始上升，2014 年达到 137.56 元/亩，但之后又连续下跌，2017 年为亏损最高的一年，达 93.31 元。2018 年至 2020 年亏损情况有所好转，2019 年出现盈利，为 48.85 元/亩。

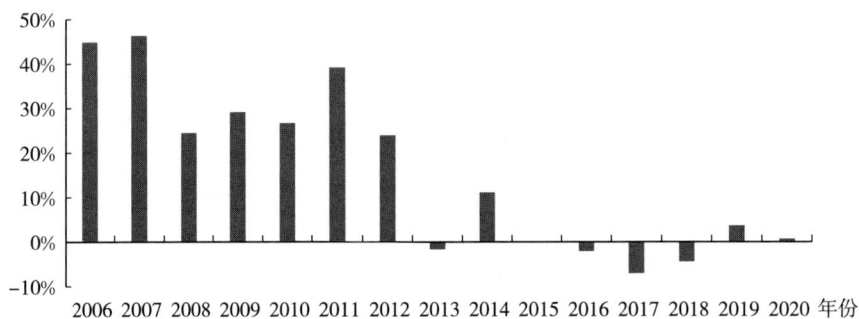

图 2-6　广东省晚稻生产成本利润率变化情况

数据来源：历年《全国农产品成本收益资料汇编》。

由图 2-6 可知，广东省晚稻生产成本利润率近 10 年一直在波动中下跌，并且下跌趋势明显，2006 年为 44.87%，2017 年为－7.15%。2008—2010 年成本利润率波动较小，基本在 27% 上下波动。2011 年至 2013 年波动幅度较大，由于总成本的逐年增加，净利润的断崖式下跌，成本利润率也在 2011—2013 年出现大幅度的下跌，2013 年仅为－1.77%，较 2011 年下跌了 40.9 个百分点。2014 年有小幅度上升，上升至 11.12%，但至 2017 年接连下跌。2018 年后利润率转负为正，利润微乎其微。

三、广东水稻生产与国内稻作大省的对比分析

（一）早稻

从表 2-5 可知，广东省的主产品产量处于偏上水平，总产值较高。

平均出售价格偏高，每 50 千克主产品平均售价较全国平均水平高约 20 元，说明广东省水稻竞争力较强，大米品质好，这是广东早稻的优势所在。但是从成本看，广东省的早籼稻总成本较高，生产成本中物质与服务费用、人工成本和土地成本都偏高。净利润为负值，并且与全国和主要种植大省相比亏本的情况较为严重。总体看来，种植早籼稻是亏本的，利润为负值使得农户的种粮积极性下降，对国家鼓励早稻种植政策产生威胁。

表 2 - 5　2020 年全国及主要省份早籼稻成本收益情况

单位：元、千克

项目	全国	江西	湖北	湖南	广东	广西
每亩						
主产品产量	389.16	371.40	337.01	364.03	424.67	426.30
产值合计	989.90	864.22	791.85	839.47	1 214.74	1 207.71
主产品产值	976.81	846.51	780.63	833.01	1 204.10	1 187.91
副产品产值	13.09	17.71	11.22	6.46	10.64	19.80
总成本	1 144.02	1 035.19	1 034.07	1 003.43	1 344.71	1 325.80
生产成本	958.55	881.68	903.57	818.26	1 133.18	1 117.12
物质与服务费用	534.37	512.83	473.48	471.26	596.37	596.47
人工成本	424.18	368.85	430.09	347.00	536.81	520.65
土地成本	185.47	153.51	130.50	185.17	211.53	208.68
净利润	−154.12	−170.97	−242.22	−163.96	−129.97	−118.09
每 50 千克主产品						
平均出售价格	125.50	113.96	115.82	114.42	141.77	139.33
总成本	145.04	136.51	151.25	136.77	156.94	152.95
生产成本	121.52	116.26	132.16	111.53	132.25	128.88
净利润	−19.54	−22.55	−35.43	−22.35	−15.17	−13.62

数据来源：《2021 年全国农产品成本收益资料汇编》。

（二）晚稻

表 2 - 6 是 2020 年全国和主要种植省份晚籼稻的成本收益情况。从产量上看，广东省亩产处于中等偏下水平，为 393.94 千克。总产值高于全国平均水平，副产品产值仍有待提升。广东省的总成本较高，其中

人工成本明显高于晚籼稻的其他主要种植省份，人工成本占总成本比例为 39.47%。除人工成本外，土地成本也较高。广东省每 50 千克主产品的平均售价较全国平均水平高约 25 元。但因为总成本偏高，广东省晚籼稻的净利润仅为 1.65 元。

表 2-6　2020 年全国及主要省份晚籼稻成本收益情况

单位：元、千克

项目	全国	江西	湖北	湖南	广东	广西
每亩						
主产品产量	401.85	432.64	494.01	337.49	393.94	377.04
产值合计	1 210.35	1 219.23	1 346.80	933.07	1 372.81	1 297.66
主产品产值	1 197.64	1 201.76	1 333.07	926.64	1 363.08	1 277.83
副产品产值	12.71	17.47	13.73	6.43	9.73	19.83
总成本	1 200.33	1 099.44	1 103.62	1 081.00	1 359.71	1 289.06
生产成本	1 010.84	945.37	952.46	900.45	1 150.29	1 082.98
物质与服务费用	567.17	537.35	543.96	522.57	613.62	576.56
人工成本	443.67	408.02	408.50	377.88	536.67	506.42
土地成本	189.49	154.07	151.16	180.55	209.42	206.08
净利润	10.02	119.79	243.18	−147.93	13.10	8.60
每 50 千克主产品						
平均出售价格	149.02	138.89	134.92	137.28	173.01	169.46
总成本	147.79	125.24	110.56	159.04	171.36	168.34
生产成本	124.46	107.69	95.42	132.48	144.97	141.42
净利润	1.23	13.65	24.36	−21.76	1.65	1.12

数据来源：《2021 年全国农产品成本收益资料汇编》。

从数据整体上看，广东省水稻种植优势是在出售价格上，特别是广东省的晚籼稻，每 50 千克主产品平均售价可以高达 173.01 元。在这么高售价的情况下净利润仅为 1.65 元，重要的原因是单产较低和人工成本过高。土地的细碎化程度高，机械化程度相对较低，因此用工量较大。种植小户为了降低人工成本，大多选择家庭自主经营，导致家庭用工折价较高，最终导致人工成本偏高。

四、　本章结论

通过对广东水稻生产投入和成本收益的分析，可以得出以下结论：

（1）广东水稻的生产收益和成本结构在过去 10 多年里发生了巨大的变化，生产成本的快速上涨导致近年来广东水稻种植出现普遍亏损的状况。近十年来，广东水稻生产成本投入巨大，成本利润率低，生产效益下降。经济作物生产效益较高，水稻种植业比较效益一直处于低位水平。

（2）2020 年广东省早稻生产总成本达 1 344.71 元/亩，晚稻生产总成本达 1 359.71 元/亩，早稻净亏损－129.97 元/亩，晚稻净利润为 13.10 元/亩。2006 年以来，水稻生产总成本增长迅速，其中人工成本、物质与服务费用及土地成本都大幅增加，2020 年广东早晚籼稻物质与服务费用占总成本比例分别达到了 44.35％和 45.13％，在总成本中占比最高。随着农资价格上升，种子费、化肥费、用药费等成本的大幅度增加，物质与服务成本已成为水稻生产中最主要的开支。

（3）从收益角度来看，广东水稻生产净利润与成本利润率近几年来出现断崖式下跌，2020 年广东早稻生产成本利润率已跌至－9.67％，晚稻为 0.67％，均低于全国平均水平。尽管水稻产值大幅度上涨，但上涨速度与幅度均小于成本上涨速度与幅度，导致利润率的大幅度下跌，农户出现亏损。

（4）将广东省与南方稻作大省情况进行比较得出，广东省的早籼稻总成本较高，生产成本中物质与服务费用、人工成本和土地成本都偏高。净利润为负值，并且与全国和主要种植大省相比亏损的情况更为严重。广东省的晚稻总成本同样较高，其中人工成本明显高于晚籼稻的其他主要种植省份，人工成本占总成本比例为 39.47％。除人工成本外，土地成本也较高。广东省每 50 千克主产品的平均售价较全国平均水平高约 25 元。但由于总成本偏高，晚籼稻每 50 千克主产品净利润仅为 1.65 元。

第三章 广东水稻品种采用和
生产机械化发展情况

新品种采用是提升水稻生产效益最为重要的技术，本书利用 1983—2013 年广东省水稻主栽品种及种植面积的数据，对三十年来水稻种植面积及品种的变化进行分析，主要从品种变化、品种数量变化以及种植面积变化三个方面将常规稻与杂交稻进行对比。为了了解广东省优质稻生产情况，本章利用了广东省农业农村厅提供的主栽品种数据，分析了广东省优质稻在不同地区的分布情况。除了品种采用之外，本章还利用宏观数据分析了水稻生产中的机械化发展情况。

一、杂交稻采用的变化

（一）杂交稻品种变化

整体来看，1983—1989 年，广东省杂交稻种植品种主要是汕优 6 号、汕优 30、汕优 36、汕优 63、汕优 64、汕优桂 34、汕优桂 30、博优 64。其中 1984 年种植汕优 6 号的面积为 1 014 万亩，占广东省杂交稻种植面积的 48.4%，该年主栽的三个品种：汕优 6 号、汕优 30、汕优 36 的种植面积占杂交稻总种植面积的 81.5%。1984—1985 年汕优 30 也为主栽品种，种植面积从 474 万亩下降至 196 万亩，所占比例基本维持在 20%。1985—1989 年，汕优 63 的种植面积波动较大，1986 年较 1985 年增长了 75%，所占比例也从 12.82% 上升至 22.77%。1986 年开始，汕优 64 的种植面积从 1986 年的 193 万亩增长至 1988 年的 423 万亩，所占比例从 1986 年的 19.79% 上升至 1987 年的 32.95%，此后一直维持在 30% 左右。

与 20 世纪 80 年代不同的是 90 年代广东省杂交稻主栽品种为博优 64、汕优 77、博优 903、博优 3550、博优 210、Ⅱ优 3550。从所占杂交稻总种植面积的比例来看，1990 年博优 64 的种植面积为 417 万亩，占 23.15%。虽然 1992 年所占比例稍有下降，为 18.47%，但种植面积下降至 287 万亩。汕优 77 的种植面积从 1992 年的 150 万亩一直下降至 1995 年的 45 万亩，下降了 70%。博优 903 的种植面积从 1993 的 101 万亩增长至 1997 年的 203 万亩，增加了约一倍，1999 年下降至 147 万亩。博优 3550 的种植面积从 1994 年的 90 万亩增加至 1998 年的 120 万亩，1999 年下降至 101 万亩，较 1998 年下降了 16%。1996 年、1997 年博优 210 的种植面积分别为 82 万亩、118 万亩，1997 年比 1996 年增加了 44%。1998 年、1999 年Ⅱ优 3550 的种植面积分别为 123 万亩、149 万亩，但所占比例从 7.48% 上涨至 15.08%。

进入 21 世纪以来，广东杂交稻种植品种主要为培杂双七、Ⅱ优 3550、天优 998、博优 998、无忧 998、博优 903、深优 9516。2000—2006 年，培杂双七的种植面积波动幅度较大，2001 年为 79 万亩，较 2000 年下降了 44%。此后维持在 100 万亩以上的水平，2005 年后开始下降。博优 903 是 2001 年广东杂交稻种植品种中种植面积最大的一种，占当年杂交稻种植面积的 16.36%。Ⅱ优 3550 的种植面积在 2001 年达到 88 万亩，2002 年略有下降，为 82 万亩。2003 年博优 998 的种植面积为 83 亩，随后两年维持在 105 万亩以上，此后开始下降。天优 998 在 2008 年的种植面积高达 264 万亩，占比 21.64%，但此后种植面积快速下降，直到 2012 年占比仅为 4.29%。2010 年，无忧 998 为主栽品种之一，种植面积为 133 万亩，占比 12.15%。2012 年、2013 年深优 9516 的种植面积分别为 86 万亩、99 万亩、占比分别为 6.71%、8.04%。

（二）杂交稻品种数量变化

由图 3-1 可知，1983—2013 年，广东杂交稻的品种数量总体呈上升趋势，波动较多，但幅度普遍较小，只有 2001 年发生了较大幅度的下降，由 2000 年的 48 种减少为 2001 年的 23 种。近 30 年来，广东杂

交稻品种数量增加了 67 种。较常规稻而言，广东杂交稻的品种数量增
长速度非常快，增长趋势也较为稳定。

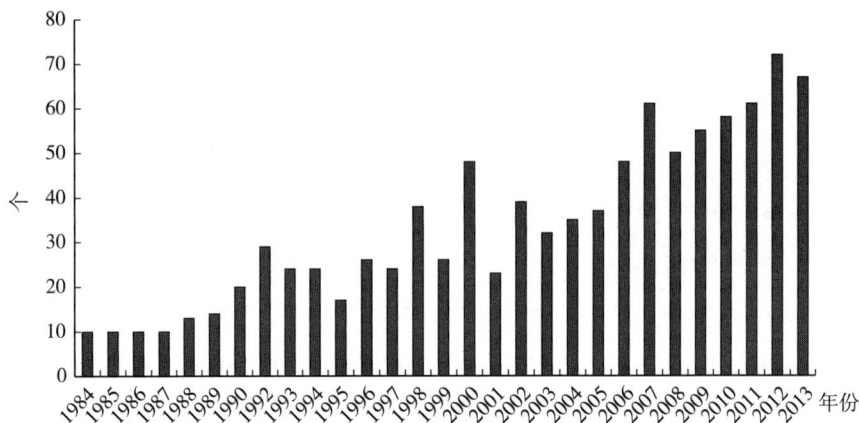

图 3-1　1983—2013 年广东省杂交稻种植品种数量变化情况
数据来源：全国农业技术推广服务中心。

（三）杂交稻种植面积变化

由图 3-2 可知，广东杂交稻种植面积 30 年间波动较多，2002 年之
前波动幅度较大。1983 年种植面积为 515 万亩，1984 年为 2 095 万亩，增
长了约三倍。2002 年开始出现较平稳的趋势，基本在 1 250 万亩上下波动。

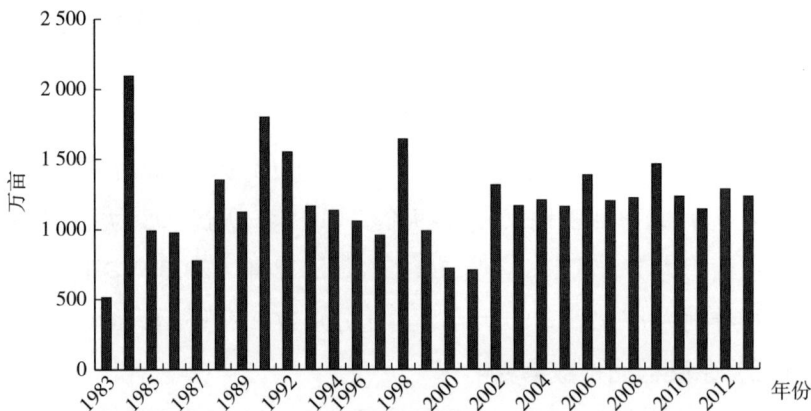

图 3-2　1983—2013 年广东省杂交稻种植面积变化情况
数据来源：全国农业技术推广服务中心。
注：1995 年数据异常，故不在此处列入。

二、 常规稻采用的变化

（一）常规稻品种变化

1983—1989 年，广东常规稻主栽品种为桂朝 2 号、双桂 1 号、广二 104、晚华 1 号、七桂早 25、特青、双桂、包选 2 号。其中，桂朝 2 号在 1983 年的种植面积高达 720 万亩，占比 40.56%，此后种植面积年年下降。与桂朝 2 号不同的是，1983—1986 年双桂 1 号的种植面积大幅度上升，占比从 17.52% 上升至 20.87%。广二 104 在 1983 年种植面积为 274 万亩，占比 15.44%，但 1984 年仅占 7.44，种植面积下降了 101 万亩。1988 年七桂早 25 的种植面积高达 325 万亩，占比 17.87%，也是当年种植面积最大的一个品种。排名第二的为特青，种植面积 308 万亩，占比 16.93%。排名第三的是双桂，种植面积为 242 万亩，占比 13.3%。1986 年晚华 1 号的种植面积为 224 万亩，1987 年为 140 万亩，较上年下降了 37.5%。

20 世纪 90 年代广东常规稻主栽品种有青六矮、三二矮、珍桂矮、七山占、特籼占 13、粤香占、黏小占、粳籼 89、籼粳 90、七桂早 25。1992—1998 年，七山占的种植面积呈现下降趋势，从 1992 年的 252 万亩下降至 1998 的 120 万亩。1990 年珍桂矮的种植面积为 223 万亩，占比 11.1%，1995 年为 60 万亩，但占比高达 38.96%。1993 年、1994 年七桂早 25 的种植面积分别为 225 万亩、243 万亩，占比分别为 13.07%、14.85%。1997 年特籼占 13 的种植面积为 135 万亩，1998 年略有下降，为 129 万亩。1995 年青六矮种植了 18 万亩，占当年常规稻种植面积的 11.69%。1996 年籼粳 90 种植了 317 万亩，占比高达 25.67%。1999 年，主栽品种中种植面积排名前三的是粤香占、粳籼 89、籼小占。种植面积分别为 79 万亩、57 万亩、52 万亩。

2000—2013 年，广东常规稻主栽品种为粤香占、籼小占、粳籼 89、绿黄占、齐粒丝苗、丰华占、桂农占、粤晶丝苗 2 号、合美占、玉油香占、金农丝苗、合丰占、五山丝苗。其中，2000—2006 年粤香占的种植面积占比一直维持在 10% 以上，2007 年下降到 6.95%。2000 年，籼小占的种植面积为 75 万亩，粳籼 89 的种植面积为 55 万亩。2003 年，齐粒丝苗的种植面积为 63 万亩，占比 7.51%。此后种植面积持续上升，2005 年为 112 万亩，占比为 14.85%。但 2005 年后呈现下降趋势，到 2010 年种植面积降至 62 万亩。2008—2011 年，粤晶丝苗 2 号的种植面积从 111 万亩上涨至 169 万亩。2012 年大幅度下降，仅种植 89 万亩。2007 年、2008 年桂农占的种植面积分别为 69 万亩、65 万亩，略有下降。2010—2012 年，合美占的种植面积变动幅度不大，保持在 80 万亩左右。2013 年五山丝苗的种植面积为 46 万亩，占比 7.64%。2012 年金农丝苗的种植面积为 72 万亩，占比 8.06%。2013 年合丰占的种植面积为 50 万亩，占比 8.31%。

（二）常规稻品种数量变化

由图 3-3 可以看出，1983—2013 年广东省常规稻的品种数量变化波动幅度较大。其中，1983—1986 年上升较快，由 1983 年的 18 种上升到 1986 年的 50 种，增加了 32 种；1992—1995 年发生了幅度较大的下降，由 1992 年的 38 种下降到 1995 年的 7 种，减少了 31 种。30 年来，广东常规稻种植品种数量由 1983 的 18 种增加到 2013 年的 25 种。

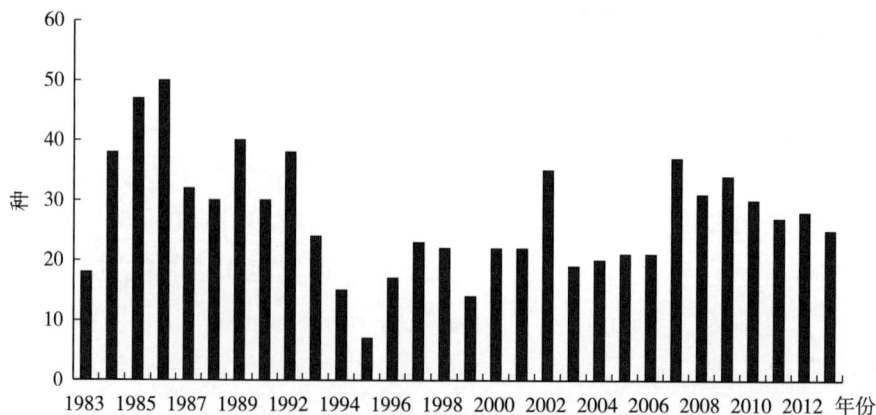

图 3-3　1983—2013 年广东省常规稻种植品种数量变化情况
数据来源：全国农业技术推广服务中心。

较广东杂交稻而言，广东常规稻种植的品种数量增长非常缓慢，且呈现出十分不稳定的趋势。这可能与实际育种工作中重视杂交稻，轻视常规稻的现状有关。

（三）常规稻种植面积变化

由图3-4可知，从总体上看，广东规模以上常规稻品种种植面积30年间总体呈下降趋势。1983年至1985年由1 775万亩增长至2 826万亩，增幅为59%。1985年至1995年由2 826万亩下跌为154万亩，减少了95%。2000年之后波动幅度便趋于稳定状态，基本在830万亩上下波动，呈较小幅度增加趋势。

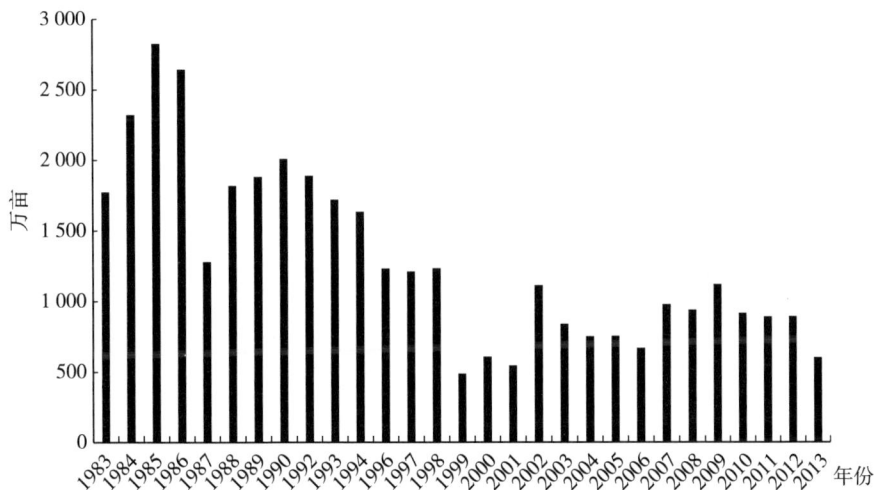

图3-4　1983—2013年广东省常规稻种植面积变化情况

数据来源：全国农业技术推广服务中心。

三、 杂交稻和常规稻变化趋势

选取30年来10万亩规模以上杂交稻与常规稻种植面积的数据对广东省水稻品种布局进行分析（表3-1、图3-5）。结果表明，广东水稻品种布局从20世纪80年代的以常规稻为主到21世纪以杂交稻为主。

表 3-1 杂交稻与常规稻种植面积变化趋势

单位：万亩

年份	十万亩规模以上水稻品种采用总面积	杂交稻十万亩以上规模杂交稻		常规稻十万亩以上规模常规稻	
		面积	%	面积	%
1983	2 290	515	22.49	1 775	77.51
1984	4 419	2 095	47.41	2 324	52.59
1985	3 817	991	25.96	2 826	74.04
1986	3 620	975	26.93	2 645	73.07
1987	2 059	777	37.74	1 282	62.26
1988	3 171	1 352	42.64	1 819	57.36
1989	3 006	1 123	37.36	1 883	62.64
1990	3 810	1 801	47.27	2 009	52.73
1992	3 444	1 554	45.12	1 890	54.88
1993	2 887	1 165	40.35	1 722	59.65
1994	2 771	1 135	40.96	1 636	59.04
1996	2 293	1 058	46.14	1 235	53.86
1997	2 172	957	44.06	1 215	55.94
1998	2 881	1 644	57.06	1 237	42.94
1999	1 477	988	66.89	489	33.11
2000	1 330	721	54.21	609	45.79
2001	1 254	709	56.54	545	43.46
2002	2 427	1 314	54.14	1 113	45.86
2003	2 004	1 165	58.13	839	41.87
2004	1 960	1 207	61.58	753	38.42
2005	1 915	1 161	60.63	754	39.37
2006	2 053	1 384	67.41	669	32.59
2007	2 177	1 199	55.08	978	44.92
2008	2 159	1 220	56.51	939	43.49
2009	2 581	1 462	56.64	1 119	43.36
2010	2 146	1 231	57.36	915	42.64
2011	2 032	1 140	56.10	892	43.90
2012	2 174	1 281	58.92	893	41.08
2013	1 833	1 231	67.16	602	32.84

数据来源：全国农业技术推广服务中心。

注：1995 年数据异常，故不在此处列入，1991 年数据缺失。

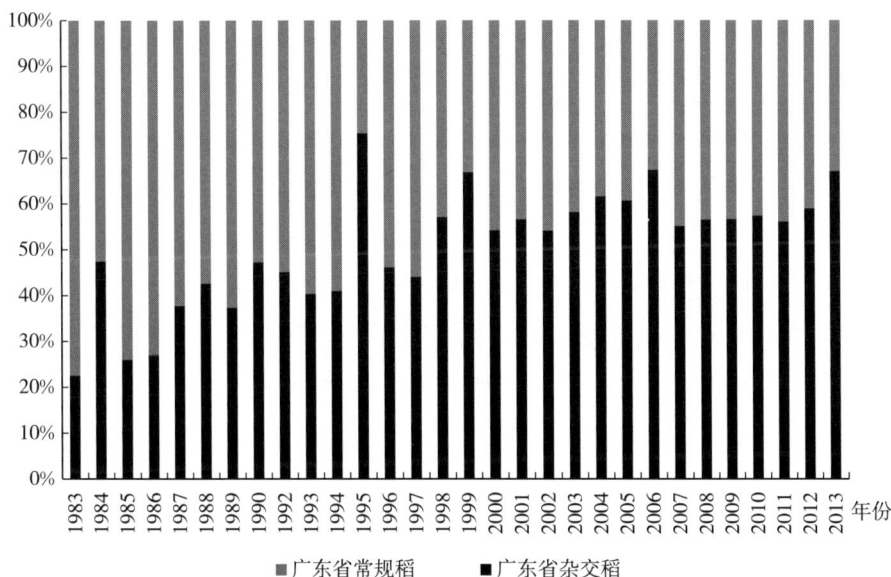

图 3 - 5　广东杂交稻与常规稻主栽品种面积占比变动趋势

数据来源：全国农业技术推广服务中心。

30 年间，广东省常规稻面积占全省十万亩规模以上水稻面积比例波动较多，总体呈下降趋势，1983 年为 77.51%，2013 年下降为 32.84%，下降了 44.67%，可见广东主栽品种开始多样化。从杂交稻占比情况来看，最低的为 1983 年的 22.49%，2013 年为 67.16%，占比最高的为 1995 年的 75.36%。整体来看，杂交稻占比呈现上升趋势。这与杂交稻的增产效果、经济效益以及专家对杂交稻育种的重视程度等有关。

四、 广东优质稻及丝苗米产业发展情况

（一）2020 年广东省优质稻生产情况分析

1. 广东省优质稻生产总体情况　表 3 - 2 反映的是 2020 年广东省优质稻种植的总体情况。2020 年全省种植优质稻面积达到 889.12 万亩。从品种上看，韶关、潮州品种较为集中，半数以上的优质稻品种为美香占 2 号。从表 3 - 2 中也可以看出，茂名、湛江、韶关三市种植优质稻

的面积占比最高，三市占全广东省的 37.41%。

表 3-2 2020 年广东省及各市优质稻种植面积

地区	面积（万亩）	占比（%）	该地区面积最广品种	品种面积（万亩）	该品种在该地区占比（%）
茂名	131.38	14.78	吉丰优 1002	43.14	32.83
湛江	109.11	12.27	吉丰优 1002	29.18	26.74
韶关	92.14	10.36	美香占 2 号	52.89	57.41
肇庆	72.91	8.20	深优 9516	9.94	13.63
梅州	61.67	6.94	美香占 2 号	11.18	18.13
清远	60.64	6.82	广 8 优金占	10.20	16.82
惠州	59.31	6.67	五山丝苗	9.19	15.49
河源	58.80	6.61	软华优 1179	9.05	15.39
云浮	49.28	5.54	美香占 2 号	14.33	29.08
阳江	46.65	5.25	合美占	8.45	18.11
汕头	45.12	5.07	吉丰优 1002	43.14	32.83
揭阳	38.80	4.36	吉丰优 1002	29.18	26.74
潮州	27.28	3.07	美香占 2 号	52.89	57.41
广州	21.64	2.43	深优 9516	9.94	13.63
佛山	8.95	1.01	美香占 2 号	11.18	18.13
中山	2.38	0.27	广 8 优金占	10.20	16.82
深圳	1.56	0.18	五山丝苗	9.19	15.49
东莞	1.51	0.17	软华优 1179	9.05	15.39

数据来源：广东省农业农村厅种业处。

注：仅统计各市面积排名前十的优质稻面积。

2. 2020 年广东省及各市优质稻品种种植面积情况 2020 年广东省各市种植面积排名前十的优质稻一共有 101 个品种，如表 3-3、表 3-4 所示。美香占 2 号、吉丰优 1002 和广 8 优金占三者种植面积最广，共计 238.12 万亩。

表 3 - 3　广东省优质稻品种种植面积情况

品种	种植面积（万亩）	占比（%）	品种	种植面积（万亩）	占比（%）
美香占 2 号	121.02	13.61	裕优 9822	2.40	0.27
吉丰优 1002	72.32	8.13	泰优 2068	2.05	0.23
广 8 优金占	44.78	5.04	谷优 248	2.00	0.22
五山丝苗	29.66	3.34	稻牯	1.90	0.21
Y 两优 3089	27.33	3.07	田禾 1 号	1.59	0.18
特籼占 25	26.60	2.99	玉香油占	1.30	0.15
广 8 优 165	24.72	2.78	禅山占	1.11	0.13
华航 31 号	23.74	2.67	钢白	1.20	0.13
Y 两优 3088	23.50	2.64	粤晶丝苗 2 号	0.69	0.08
深优 9516	21.12	2.38	象牙香占	0.34	0.04
五优 308	19.65	2.21	莲香油占	0.29	0.03
粤禾丝苗	18.59	2.09	固丰占	0.24	0.03
Y 两优油占	17.67	1.99	粤禾优 1002	11.17	0.01
吉优 5618	16.07	1.81	广泰优天弘丝苗	9.62	0.01
合美占	15.77	1.77	禾虫稻	0.12	0.01
粤农丝苗	15.28	1.72	三澳占	0.08	0.01
粤油丝苗	14.94	1.68	广泰优秋占	7.81	0.01
广 8 优 169	12.89	1.45	华航 48 号	7.67	0.01
广 8 优 2168	12.84	1.44	恒丰优华占	6.65	0.01
金农丝苗	12.66	1.42	弘优 3089	6.51	0.01
华航丝苗	12.19	1.37	裕优黄占	6.34	0.01
深两优 870	10.70	1.20	Y 两优 305	5.91	0.01
泰丰优 208	10.55	1.19	其他常规稻	5.49	0.01
五优 1179	10.08	1.13	银晶软占	5.44	0.01
特优 721	9.76	1.10	吉丰优 3301	5.30	0.01
粤泰油占	9.55	1.07	吉田优 16	4.65	0.01
深两优 5814	9.30	1.05	齐粒丝苗	4.59	0.01
广 8 优 2156	9.19	1.03	南晶占	4.31	0.00
软华优 1179	9.05	1.02	深优 9716	3.11	0.00
粤美占	6.98	0.78	内香 8518	2.95	0.00
深优 9528	6.89	0.77	特优 666	2.68	0.00
谷优 1263	6.20	0.70	特优 808	2.70	0.00
马坝银占	5.92	0.67	南优占	2.20	0.00

（续）

品种	种植面积（万亩）	占比（%）	品种	种植面积（万亩）	占比（%）
晶两优华占	5.82	0.65	山软占	1.67	0.00
软华优 6100	5.36	0.60	恒丰优 3550	1.50	0.00
粤美占	6.98	0.78	内香 8518	2.95	0.00
深优 9528	6.89	0.77	特优 666	2.68	0.00
谷优 1263	6.20	0.70	特优 808	2.70	0.00
马坝银占	5.92	0.67	南优占	2.20	0.00

数据来源：广东省农业农村厅种业处。

注：仅统计各市面积排名前十的优质稻面积。

表 3 - 4　广东省优质稻品种种植面积情况

品种	种植面积（万亩）	占比（%）	品种	种植面积（万亩）	占比（%）
晶两优华占	5.82	0.65	山软占	1.67	0.00
软华优 6100	5.36	0.60	恒丰优 3550	1.50	0.00
恒丰优 1179	4.90	0.55	十九香	1.50	0.00
天优 998	4.86	0.55	特优 338	1.50	0.00
黄华占	4.68	0.53	广丰香 8 号	1.30	0.00
新银占	4.70	0.53	新丝苗	0.81	0.00
雪花新占	4.62	0.52	农晶丝苗	0.63	0.00
黄广油占	4.13	0.46	桂晶丝苗	0.40	0.00
合丰丝苗	4.13	0.46	和两优 633	0.40	0.00
特优 524	3.45	0.39	野丝占	0.30	0.00
五优 116	3.50	0.39	黄广华占 1 号	0.10	0.00
深两优 58 香油占	3.24	0.36	黄广华占 2 号	0.07	0.00
五丰优 615	3.21	0.36	山软 8 号	0.06	0.00
恒丰优 9802	3.12	0.35	粤香占	0.06	0.00
金航丝苗	3.00	0.34	深两优 898	0.01	0.00
五优 613	2.91	0.33	B 两优华占	0.00	0.00
深优 9786	2.72	0.31	卓优华占	0.02	0.00
和两优 332	2.50	0.28			

数据来源：广东省农业农村厅种业处。

注：仅统计各市面积排名前十的优质稻面积。

　　表3-5反映的是优质稻品种在广东的分布情况，其中美香占2号分布最广，在广东21个地级市中，有13个地级市种植美香占2号，分别为韶关、云浮、汕头、梅州、清远、广州、惠州、阳江、潮州、中山、东莞、佛山、深圳（图3-6）。其次种植分布较广的品种有五山丝苗、广8优金占等。

表3-5　2020年广东省优质稻品种分布范围

品种名称	种植地区（个）	种植面积（万亩）
美香占2号	13	121.02
五山丝苗	7	29.66
广8优金占	7	44.78
华航31号	6	23.74
粤禾丝苗	5	18.59
Y两优3088	5	23.50
五优308	5	19.65
Y两优3089	4	27.33
广8优165	4	24.72
金农丝苗	4	12.66
粤农丝苗	4	15.28

数据来源：广东省农业农村厅种业处。

注：仅列出在4个以上地级市种植的水稻品种。

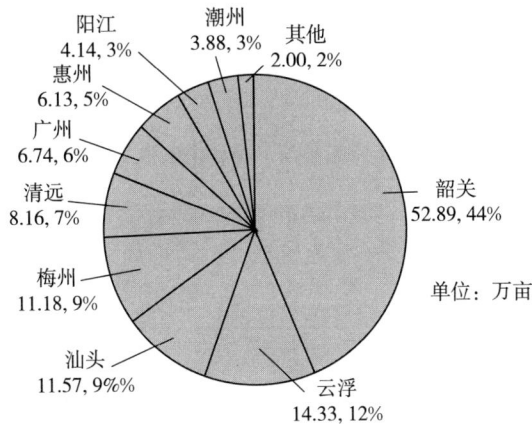

图3-6　水稻品种美香占2号分布区域

数据来源：广东省农业农村厅种业处。

注：仅统计各市面积排名前十的优质稻面积。

图 3-6 反映的是 2020 年广东省种植水稻品种美香占 2 号的分布区域。韶关市种植美香占 2 号的面积最多，占全省的 44%。

（二）丝苗产业发展情况

2018 年 4 月广东丝苗米产业联盟正式成立，"联盟"的成立对促进广东省大米品牌起到重要作用。具体推动如下工作：

1. 开展核心品种创新和技术研究，选育筛选出一批丝苗米品种 广东丝苗米产业联盟围绕广东丝苗米产业技术创新的关键问题，开展广东丝苗米种质资源发掘，培育了以"19 香"为代表的一批广东丝苗米新品种。

2. 制订广东丝苗米品种标准和产品标准，统一消费者对丝苗米产品的认知 2019 年，根据团体标准要求，广东丝苗米产业联盟进一步完善了广东丝苗米相关标准参数和相关内容表述，最终使得《广东丝苗米产品标准》（T/GDSMM 001—2019）和《广东丝苗米品种标准》（T/GDSMM 002—2019）于 2019 年 6 月 3 日发布，于 2019 年 8 月 3 日实施。

3. 认定 8 个广东丝苗米品种，23 个广东丝苗米产品，提高水稻优质化率和品牌影响力 广东丝苗米大部分品种近两年累计推广规模基本维持在 7.50 万亩左右，其中美香占 2 号近两年累计推广规模高达 16.95 万亩（表 3-6）。广东丝苗米推广范围也很广阔，大部分品种累计推广农户数均在 20 万户左右。

表 3-6　2019 年广东丝苗米品种美香占 2 号种植情况

品种	亩均产量 （千克/亩）	平均产出单价 （元/千克）	近两年累计推广规模 （万亩）	累计推广农户 （万户）
美香占 2 号	368.90	4.00	16.95	43.30

数据来源：根据广东省农业农村厅官网资料整理。

目前广东丝苗米产业存在的问题在于：高端市场占有率低，且没有形成价格优势。京东平台对线上销售的 2019 年大米种类统计结果表明（图 3-7），丝苗米占比仅为 1.9%，不仅与东北大米相差巨大，还远低于日本小町米的 6.5%。这反映出广东省大米企业依然以传统销售渠道为主，并且在中高端市场的竞争力比较弱。

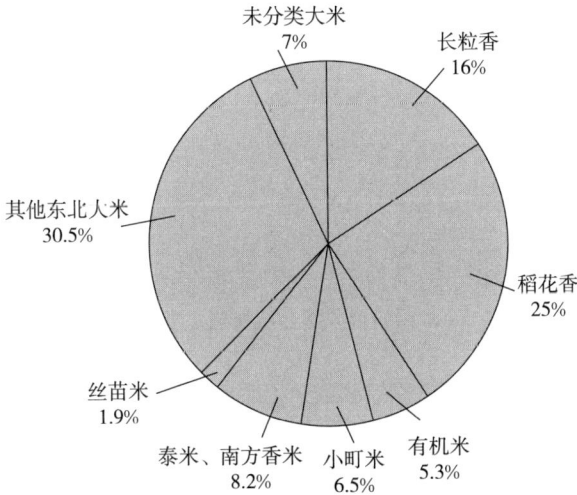

图 3-7　2019 年大米种类统计情况

数据来源：根据京东官网资料整理。

广东省品牌大米的销售途径以批发市场及餐饮直销为主，其中有 80% 以上的名牌产品通过批发市场出售，直接出售至餐饮店的也有 78%。通过社区、商超、专卖店、线上平台等途径销售的比例较低，并且数量不多。"广东好大米走不出广东"，广东省品牌大米产品基本以本省销售为主。其中，省内销量占比达 96.4%，省外销量仅有 3.6%，暂时还没有企业将产品出口至国外。

五、 广东省机械化技术发展情况

如表 3-7 所示，2019 年广东省水稻耕种收综合机械化水平 73.28%，其中水稻机播率为 21.33%；水稻插秧机 1.33 万台，同比增长 4.2%；水稻联合收割机 2.85 万台，同比增长 1.7%；谷物烘干机 3 329 台，同比增长 24.9%；总体呈现稳步增长趋势。

近年来广东省水稻机械化发展较为缓慢，与全国差距进一步扩大。从 2003 年到 2010 年，水稻生产耕种收综合机械化水平达到 53.7%，

8年间每年提高3.68个百分点，是全国同期的2.4倍。2011年至今，广东省水稻耕种收综合机械化发展速度呈现一定的下滑趋势。通过比对广东省近10年与全国及兄弟省份的发展速度，可以看出，广东省水稻耕种收综合机械化水平从2011年与全国水平相差7.29个百分点扩大到2019年相差10.45个百分点，差距进一步扩大，而且有每年不断扩大的趋势；与邻省广西相比也从领先4.5个百分点变成了落后6.53个百分点；与先进省份江苏省有近20个百分点的差距。

表3-7　水稻耕种收综合机械化发展水平比对表

单位：%

单位	年度	综合机械化水平	机耕水平	机播水平	机收水平
全国	2011	65.07	91.00	26.24	69.32
	2019	83.73	98.84	53.89	93.46
广东	2011	57.78	91.55	5.91	64.64
	2019	73.28	98.16	21.33	92.08
江苏	2011	86.30	98.00	60.00	97.00
	2019	92.70	96.90	83.70	95.90
广西	2011	53.20	86.90	10.10	51.20
	2019	79.81	97.55	40.24	95.72

数据来源：《中国农业机械化年鉴》。

机械种植、机械烘干仍然是广东省水稻生产全程机械化发展中的最大短板。近年来，省农业农村厅一直致力于开展"补短板促机种"工作，取得较好成效。从2018开始在全省布局开展水稻机械化插秧、水稻机械化精量穴直播、水稻农用无人飞机直播等技术试验和示范推广工作，2020年向全省发布了《广东省水稻机械精量穴直播技术指引》及《广东省水稻农用无人飞机直播技术指引》等技术资料；近年来安排了专项资金开展水稻机械插秧、机械直播作业补贴试点工作，并鼓励各地根据实际情况开展；2020年将水稻机械抛秧机列入了广东省农机购置补贴；从多个方向不断推进水稻机械化种植发展。2020年全省水稻机械化直播面积快速增加，呈现多种水稻机械化种植模式共同发展的良好态势。此外，2021年全省安排扶持节能环保型水稻机械化烘干中心建设项目资金1亿元。

总体来看，广东省水稻生产机械化发展较快，其中机耕水平超过97%，机械收获水平超过80%，特别是机收水平在过去7年中发展迅速，由36%增加到82%，但机插或机种水平依然较低，不到15%。这反映了全国普遍现象，即水稻机械化的短板在播种和插秧环节。但机械插秧或机械直播对生产地区有一定要求，这些要求包括育秧的技术的改进、育秧的标准化、插秧机或直播机的购置、土地的平整和大小、水的管理等一系列问题。

六、　本章结论

通过对广东省水稻主栽品种及品种种植面积变化的分析，可得出以下结论：

（1）20世纪80年代广东杂交稻主栽品种是"汕优"系列，90年代为"博优"系列，到了21世纪，主栽品种丰富，主要有培杂双七、博优系列、天优、五优等。从品种数量上来看，三十年间杂交稻种植品种从10种上升至60多种，品种不再单一。常规稻在20世纪80年代的主栽品种种类丰富，有桂朝、双桂、广二。到了90年代变化为七桂早、七山占、粳籼等。进入21世纪变化为粤香占、齐粒丝苗、粤晶丝苗等。较杂交稻而言不同的是，常规稻种植品种种类数量增幅较小，种类变化较大。

（2）常规稻种植面积大幅度减小，杂交稻种植面积波动较小，近十年基本在1 250万亩上下波动。从种植比例来看，20世纪80年代和90年代主要种植常规稻，随着杂交稻种植比例持续上升，2000年后杂交稻占比高于常规稻。

杂交稻和常规稻面积的变化与杂交稻在产量、经济效益等方面的优势有关，也与实际育种工作中重视杂交稻，忽视常规稻的现状有关。尽管当前杂交稻相对于常规稻在产量、效益上有优势，但从米质、生产成本的角度来看，常规稻可能有较好的发展前景。随着水稻种植方式的改变，常规稻种植技术比杂交稻简单，生产成本更低。单一的杂交稻种植和单一的常规稻种植对农业生产安全都有一定影响，农户应搭配品种生产，来规避风险。

2020年全省种植优质稻面积达到889.12万亩，其中茂名、湛江、韶关三市种植优质稻的面积占比最高。韶关、潮州优质稻品种较为集中，为美香占2号。2020年广东省各市种植面积排名前十的优质稻一共有101个品种，其中，美香占2号、吉丰优1002号和广8优金占三者种植面积最广。美香占2号在广东省的种植分布也是最广的。

（3）2018年4月广东丝苗米产业联盟正式成立，"联盟"的成立对促进广东省大米品牌起到了重要作用：第一，开展核心品种创新和技术研究，选育筛选出一批丝苗米品种；第二，制订广东丝苗米品种标准和产品标准，统一消费者对丝苗米产品的认知；第三，认定8个广东丝苗米品种，23个广东丝苗米产品，提高水稻优质化率和品牌影响力。目前广东丝苗米产业存在的主要问题在于高端市场占有率低，且没有形成价格优势。

（4）广东省在耕整和收获环节已经基本实现机械化，但在插秧环节，80％左右依然依赖人工，在打药环节也基本依赖人工，这可能是广东水稻生产效益较低的重要原因之一。

第二篇

广东小规模生产户水稻
生产情况分析

第四章 广东省粮食生产情况监测系统介绍及调查村基本情况

第二篇主要利用广东省粮食生产情况监测系统的微观数据对广东省粮食生产情况进行微观的描述性统计分析，以了解广东省粮食种植户的基本情况。本章对广东省粮食生产情况监测系统进行介绍及对调查村基本情况进行分析。

一、广东水稻产业监测基本情况

（一）监测点选取说明

1. 总体样本描述 水稻生产布局监测点涵括 13 个地级市 19 个县和 38 个调查村。经前期对广东水稻生产主要区域研究分析，确定 13 个地级市。在县（市）级层面采取规模与概率成比例（PPS）的抽样方法，在镇、村级采取分层抽取，在农户层面采取随机或分层抽取。

2. 抽样程序

（1）县（市、区）级抽样。按照 2019 年各个县（市、区）水稻种植面积占所在地市水稻种植总面积的比例，采取规模与概率成比例（PPS）的抽样方法，从每个地市中抽取 1～2 个县（市、区），共 19 个县（市、区）（表 4-1、表 4-2、表 4-3、表 4-4）。

表 4-1 县（市、区）总体样本

地市（共 13 个）	县（市、区）	抽取样本（个）
惠州市	5	1
江门市	7	2
肇庆市	8	2

（续）

地市（共13个）	县（市、区）	抽取样本（个）
汕头市	7	1
揭阳市	5	1
阳江市	4	1
湛江市	9	2
茂名市	5	2
韶关市	10	2
河源市	6	1
梅州市	8	2
清远市	8	1
云浮市	5	1
合计	87	19

数据来源：2020年广东农村统计年鉴。

表4-2　2019年各县（市、区）水稻种植面积及占所在地市比例

地市	县（市、区）	水稻种植面积（亩）	占比（%）
惠州市	惠城区	184 020	14.42
	惠阳区	67 575	5.30
	惠东县	415 227	32.55
	博罗县	332 746	26.08
	龙门县	276 263	21.65
江门市	蓬江区	3 786	0.15
	江海区	148	0.01
	新会区	366 549	14.72
	台山市	992 996	39.88
	开平市	581 793	23.36
	鹤山市	147 387	5.92
	恩平市	397 444	15.96
肇庆市	端州区	—	—
	鼎湖区	71 008	2.87
	高要区	489 796	19.77
	四会市	208 943	8.43
	广宁县	333 640	13.47
	德庆县	312 205	12.60
	封开县	423 297	17.08
	怀集县	638 769	25.78

（续）

地市	县（市、区）	水稻种植面积（亩）	占比（%）
	金平区	22 037	3.26
	龙湖区	29 593	4.38
	澄海区	138 430	20.49
汕头市	濠江区	17 674	2.62
	潮阳区	231 118	34.20
	潮南区	232 494	34.41
	南澳县	4 380	0.65
	榕城区	114 045	9.40
	揭东区	222 375	18.33
揭阳市	普宁市	321 345	26.49
	揭西县	296 490	24.44
	惠来县	258 885	21.34
	江城区	263 415	17.07
阳江市	阳东区	339 450	21.99
	阳春市	639 885	41.45
	阳西县	300 825	19.49

数据来源：2020年广东农村统计年鉴。

表4-3　2019年各县（市、区）水稻种植面积及占所在地市比例

地市	县（市、区）	水稻种植面积（亩）	占比（%）
	赤坎区	6 555	0.20
	霞山区	19 500	0.58
	麻章区	201 735	6.04
	坡头区	160 785	4.82
湛江市	雷州市	862 260	25.82
	廉江市	935 325	28.01
	吴川市	405 030	12.13
	遂溪县	541 155	16.21
	徐闻县	206 760	6.19
	茂南区	315 006	10.17
茂名市	电白区	649 236	20.96
	信宜市	566 886	18.30

（续）

地市	县（市、区）	水稻种植面积（亩）	占比（%）
茂名市	高州市	820 093	26.48
	化州市	745 943	24.08
	茂南区	315 006	10.17
韶关市	浈江区	39 990	2.64
	武江区	50 355	3.32
	曲江区	158 520	10.46
	乐昌市	154 035	10.16
	南雄市	429 975	28.37
	仁化县	133 455	8.81
	始兴县	141 750	9.35
	翁源县	210 795	13.91
	新丰县	115 380	7.61
	乳源瑶族自治县	81 225	5.36
河源市	源城区	26 294	1.46
	东源县	343 152	19.00
	和平县	289 043	16.00
	龙川县	466 480	25.82
	紫金县	463 565	25.66
	连平县	217 901	12.06
梅州市	梅江区	42 489	1.78
	梅县区	597 466	24.98
	兴宁市	336 950	14.09
	平远县	169 568	7.09
	蕉岭县	138 965	5.81
	大埔县	83 669	3.50
	丰顺县	275 982	11.54
	五华县	746 745	31.22

数据来源：2020 年广东农村统计年鉴。

表 4-4 2019 年各县（市、区）水稻种植面积及占所在地市比例

地市	县（市、区）	水稻种植面积（亩）	占比（%）
清远市	清城区	221 400	12.45
	清新区	336 075	18.89
	英德市	474 120	26.65
	连州市	242 100	13.61
	佛冈县	157 515	8.85
	阳山县	189 315	10.64
	连山壮族瑶族自治县	98 580	5.54
	连南瑶族自治县	59 790	3.36
云浮市	云城区	6 609	7.70
	云安区	8 249	9.61
	罗定市	33 759	39.33
	新兴县	18 951	22.08
	郁南县	18 258	21.27

数据来源：2020 年广东农村统计年鉴。

（2）镇级抽样。通过分层抽样的方式，从已经抽取的 19 个县（市、区）中的每个县（市、区）中随机抽取一个镇，共 19 个镇。

（3）村级抽样。通过分层抽样的方式，从已经抽取的 19 个镇中的每个镇中随机抽取 2 个村，共 38 个村。

（4）农户抽样。抽取上述样本村后，团队成员于 2021 年 5 月至 2021 年 7 月到各市（县、区）进行前期调查以确定具体调查村，并与调查村村委沟通获取当地 2020 年种植水稻农户户主名单与该户耕种面积亩数。通过分层抽样或随机抽样的方式，从 38 个村委提供的农户样本名单中每村抽取 30 名农户，共 1 140 名农户。

农户名单抽样方式根据村委提供的样本农户土地面积特征分成两种。

第一种抽样方式为分层抽样，针对的是总体样本亩数的直方图分布较为分散的、有明显两极分化的村庄。具体分为两层，分别为大户和小户。大户的亩数视农户样本分布的亩数具体而定。划分界限为农户的亩

数降序排列后，按照 1∶9 的比例分成大户和小户。分为两层后，区分大户和小户的样本分别进行随机抽样，大户和小户的样本数的比例也为 1∶9。

第二种形式为简单随机抽样，针对的是总体样本的亩数直方图较为平均、没有明显的两极分化、且大部分农户的亩数都是在 10 亩以下的村庄。此外，个别村庄没有统计正在种植水稻的农户亩数，只提供了种植名单，此类村庄也是用的简单随机抽样的形式进行抽样。

3. 选点抽样结果与农户抽样形式　根据上述抽样程序，运用 Stata 程序进行抽样，得出如表 4-5 所示的结果。

表 4-5　选点抽样结果与农户抽样形式

地市县（市、区）	面积在该市占比排名	镇	选点	农户抽样形式
惠州市龙门县	3	龙田镇	西埔村	随机抽样
			邬村村	分层抽样
江门市台山市	1	白沙镇	下屯村	随机抽样
			江头村	随机抽样
江门市恩平市	3	牛江镇	昌梅村	随机抽样
			黄泥坦村	分层抽样
肇庆市高要区	2	大湾镇	小塘村	随机抽样
			古西村	随机抽样
肇庆市怀集县	1	桥头镇	新平村	随机抽样
			徐安村	随机抽样
汕头市潮阳区	2	西胪镇	泉塘村	分层抽样
			波美村	分层抽样
揭阳市揭东区	4	桂岭镇	赤步村	随机抽样
			福岗村	随机抽样
阳江市阳西县	3	上洋镇	菩提村	随机抽样
			白石村	随机抽样
湛江市雷州市	2	沈塘镇	孟山村	随机抽样
			茂胆村	随机抽样
湛江市遂溪县	3	乐民镇	余村村	随机抽样
			埠头村	随机抽样

（续）

地市县（市、区）	面积在该市占比排名	镇	选点	农户抽样形式
茂名市信宜市	4	金垌镇	高车村	随机抽样
			良耿村	随机抽样
茂名市高州市	1	沙田镇	赤坎村	随机抽样
			周村村	随机抽样
韶关市南雄市	1	黄坑镇	许村村	分层抽样
			社前村	随机抽样
韶关市始兴县	5	隘子镇	冷洞村	随机抽样
			五一村	随机抽样
河源市龙川县	1	赤光镇	大洋村	随机抽样
			沥口村	随机抽样
梅州市兴宁市	3	大坪镇	吴田村	分层抽样
			鸽池村	随机抽样
梅州市蕉岭县	6	三圳镇	芳心村	分层抽样
			河西村	随机抽样
清远市连山县	7	福堂镇	太平村	随机抽样
			新联村	随机抽样
云浮市罗定市	1	华石镇	大未村	随机抽样
			双豆村	随机抽样

数据来源：Stata 程序抽样结果。

（二）样本分布及调查样本整体情况

1. 样本分布情况 本次监测广东水稻的选点涵盖了广东省 13 个市，19 个县（区），且非常地随机和分散，能够一定程度地反映出广东省水稻种植的总体情况。

2. 调查样本整体情况 表 4 - 6 为农户调查问卷收集数与有效问卷数，调研团队在选点村中开展村委深度访谈、水稻种植户问卷调查等多种形式的实地调研，最终形成 38 份村委深度访谈记录和 1 140 份农户调查问卷，其中有效访谈记录 38 份，有效问卷 1 124 份。

51

表 4-6 农户调查问卷收集数与有效问卷数

地区	县（市、区）	镇	村	农户调查问卷	农户有效问卷
珠三角	惠州龙门	龙田镇	西埔村	24	24
			邬村村	30	30
	江门台山	白沙镇	下屯村	33	33
			江头村	13	13
	江门恩平	牛江镇	昌梅村	26	26
			黄泥坦村	34	34
	肇庆高要	大湾镇	小塘村	28	23
			古西村	39	39
	肇庆怀集	桥头镇	新平村	30	30
			徐安村	30	30
东翼	汕头潮阳	西胪镇	泉塘村	31	31
			波美村	32	32
	揭阳揭东	桂岭镇	赤步村	11	11
			福岗村	32	32
西翼	阳江阳西	上洋镇	菩提村	32	32
			白石村	34	34
	湛江雷州	沈塘镇	孟山村	30	28
			茂胆村	31	31
	湛江遂溪	乐民镇	余村村	35	35
			埠头村	30	30
	茂名信宜	金垌镇	高车村	30	30
			良耿村	30	30
	茂名高州	沙田镇	赤坎村	30	29
			周村村	33	33
山区	韶关南雄	黄坑镇	许村村	30	30
			社前村	30	30
	韶关始兴	隘子镇	冷洞村	30	26
			五一村	30	29
	河源龙川	赤光镇	大洋村	30	30
			沥口村	30	28

（续）

地区	县（市、区）	镇	村	农户调查问卷	农户有效问卷
山区	梅州兴宁	大坪镇	吴田村	34	34
			鸽池村	35	35
	梅州蕉岭	三圳镇	芳心村	31	31
			河西村	30	29
	清远连山	福堂镇	太平村	31	31
			新联村	30	30
	云浮罗定	华石镇	大未村	30	30
			双豆村	31	31
合计				1 140	1 124

数据来源：2021年广东水稻生产户调查问卷整理。

二、 村级层面数据分析

（一）调查村的基本情况

从表4-7可以看出，所有样本所在地区中，广东地区总体呈现人多地少的特征，广东地区除珠江三角洲外，其他地区基本上以山地、丘陵为主，河流密布等自然因素，使得水田面积远远不及内陆平原地区；加之广东地区人口稠密，受到行政规划、包产到户的影响，使得水田支离破碎。从人均水田面积的角度分析：珠江三角洲的人均水田面积为0.56亩，东翼地区人均水田面积0.12亩，西翼地区的人均水田面积为0.51亩，山区人均水田面积为0.51亩，全样本中人均水田面积为0.42亩。其中东翼地区人均耕地面积最小，仅为0.12亩，在调查中了解到，东翼地区水田少，细碎且分散，又加上传统思想观念的影响，人口数量众多，导致人均耕地面积少。从户均水稻面积的角度分析：珠江三角洲地区户均水田面积为2.34亩，东翼地区户均水田面积为0.57亩，西翼地区户均水田耕地面积为2.32亩，山区户均水田耕地面积为2.73亩，大致情况与人均水田面积相似，东翼地区户均水田面积仍旧最少。

表 4-7　调研村庄基本信息

单位：亩、%

调研村庄基本信息	珠三角	东翼	西翼	山区	整体均值
人均水田面积	0.56	0.12	0.51	0.51	0.42
户均水田面积	2.34	0.57	2.32	2.73	1.99
从事水稻生产户均实际种植规模	5.74	4.19	3.77	4.67	4.59
人口迁移比例	44.39	23.57	40.91	42.18	37.76

数据来源：2021年村委调查问卷。

　　为了更清楚地了解各地区的实际种植情况，考虑到由于种种原因，导致水田的抛荒，本书主要考虑农户实际种植面积，全样本地区户均实际种植规模为4.59亩，珠三角地区户均实际种植规模为5.74亩，东翼地区户均实际种植规模为4.19亩，西翼地区户均实际种植规模为3.77亩，山区户均种植规模为4.67亩。粤西地区，从事水稻生产农户较多，因此户均实际种植规模较小。而东翼地区，主要是从事水稻生产的农户大量减少，推动了户均实际种植规模的扩大，从另一方面看，粤东地区的人口迁移比例与其他三个地区相比是最低的，为23.57%，因此人口的迁移并不是推动东翼地区户均实际种植规模扩大的最主要原因。

　　从人口迁移的比例看，珠三角地区的人口迁移比例为44.39%，东翼地区的人口迁移比例为23.57%，西翼地区的人口迁移比例40.91%，山区的人口迁移比例为42.18%，全样本地区平均人口迁移比例为37.76%。主要迁移的方向是，珠三角地区的人口主要往珠三角核心城市，如深圳、广州、佛山等地区，而东翼、西翼、山区等人口迁移主要是前往当地的县城以及珠三角地区。

（二）水稻移栽与机械化情况

　　根据表4-8可知，在调研选取的所有地区中，从移栽模式的角度看，人工插秧占比40.93%，抛秧占比32.45%，机插秧占比15.70%，直播占比10.95%。人工插秧在水稻种植区中占据主流。主要原因是采用人工插秧可以根据现实情况调整，主要原因是：第一、人工插秧与抛秧对地块的要求低，可以按照个人意愿安排生产活动，适应性强，而且杂草少；第二，人工插秧与抛秧具有较久的耕作历史，农户具有路径依赖的特性，不愿采用其他方式。调研过程中了解的情况以及数据分析，发现种植规模小的农户更倾向于采用人工插秧。

表 4-8　广东抽样地区水稻移栽与机械化采用情况比例均值

单位：%

采用比例均值		珠三角	东翼	西翼	山区	整体均值
移栽模式	人工插秧	48.00	71.41	5.00	39.29	40.93
	抛秧	20.00	0.00	53.00	56.79	32.45
	机插秧	31.00	28.60	0.00	3.21	15.70
	直播	0.00	0.00	42.00	1.79	10.95
机耕		90.00	99.75	100.00	99.14	97.22
机收		90.00	99.75	94.60	97.00	95.34
无人机打药		50.75	19.50	8.50	24.29	25.76

数据来源：2021 年村委调查问卷。

注：机械化采用情况为机插秧、机耕、机收和无人机打药采用情况的均值。

从调研的地区分类看，根据图 4-1 可知，珠三角地区主要采用人工抛秧与机插秧，其中采用人工插秧占比 48%，采用抛秧占比 20%，机插秧占 31%，采用直播占比为 0。珠三角地区与东翼采用人工插秧占

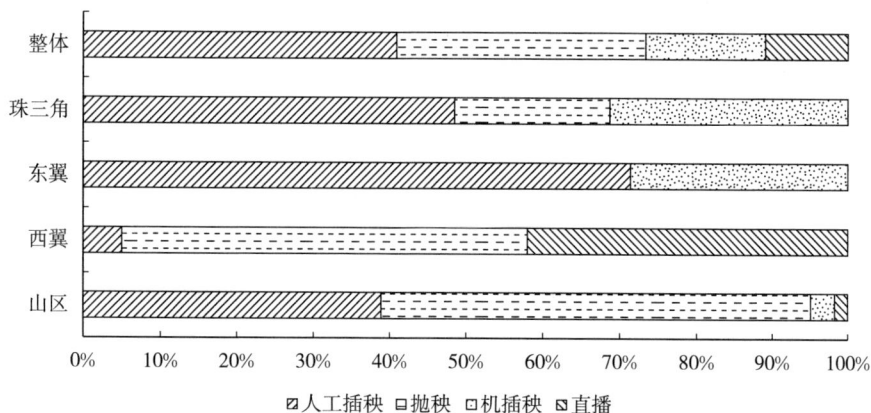

图 4-1　广东抽样地区水稻移栽百分比堆积条形图

数据来源：2021 年村委调查问卷。

主流。西翼与山区采用抛秧占主流。西翼与山区的人口迁移占比40%以上，由此可知，农村劳动力相对较为稀缺，更倾向于采用节省人工的耕作方式，而抛秧移栽方式相对于人工插秧，工作效率高，受到的地形地块特征约束较小，且更易于操作与接受，因此农户更倾向于采用抛秧，粤西地区采用直播占比超过40%，主要集中在湛江东西洋地区。珠三角地区劳动力价格昂贵，无人机喷药相对比较普遍，推动了机械化率的提高。

从全程机械化的角度看，机插秧的平均值为15.70%，机耕的平均值为97.22%，机收的平均值为95.34%，无人机打药的平均值为25.76%。由此可知，机耕与机收的机械化水平高而且普遍。然而机插秧与无人机喷药的机械化水平较低。无人机打药主要在政府与市场的双重作用力下推广。

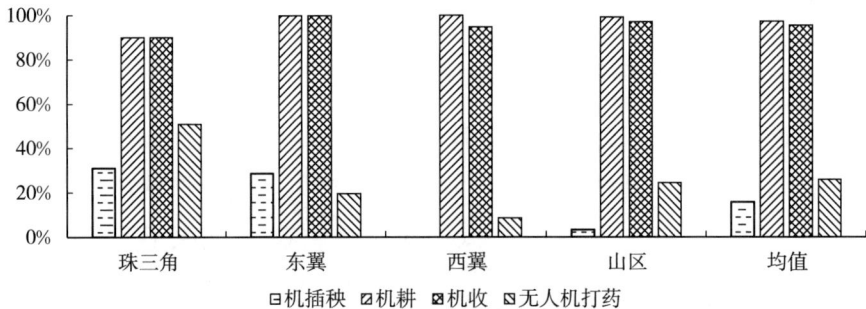

图4-2 抽样调研地区机械化情况

数据来源：2021年村委调查问卷。

如图4-2所示，机耕与机收同时采用的比例近似相同，由此可知，机耕与机收的机械化受限制情况较小，农户对机耕机收的机械化认可高。机插秧使用较少，主要原因如下：第一，采用机插秧对地块的要求高，需要大规模且平整的土地；第二，提供机插秧的社会化服务少；第三，大部分地区农户经营规模小，插秧机的存有量少，机插秧采用比例也较低，主要集中在江门等地及部分地区的粮食种植大户。无人机打药情况集中在粤东、粤西地区，主要采用服务外包的形式。

三、 本章结论

通过对广东省粮食生产情况检测系统介绍及调查村基本情况进行分析，可得出以下结论：

（1）水稻生产布局监测点涵括 13 个地级市、19 个县和 38 个调查村，且非常地随机和分散，能够一定程度地反映出广东省水稻种植的总体情况。在县（市）级层面采取规模与概率成比例（PPS）的抽样方法，在镇、村级采取分层抽取，在农户层面采取随机或分层抽取。

（2）调研团队在选点村中开展村委深度访谈、水稻种植户问卷调查等多种形式的实地调研，最终形成 38 份村委深度访谈记录和 1 140 份农户调查问卷，其中有效访谈记录 38 份，有效问卷 1 124 份。

（3）全样本中人均水田面积为 0.42 亩。其中东翼地区人均耕地面积最小，仅为 0.12 亩。珠江三角洲地区户均水田面积为 2.34 亩，大致情况与人均水田面积相似，东翼地区户均水田面积仍旧最少。

（4）在调研选取的所有地区中，人工插秧在水稻种植区中占据主流，机插秧仅仅占 15.70%，西翼与山区少部分农户采用直播进行水稻栽种。从机械化情况看，机耕与机收采用的比例较高且近似相同。珠三角地区采用无人机打药比重较其他地区高。

第五章 广东水稻生产户基本特征

从上一章的分析已得知村级层面的水稻生产情况，本章节主要从农户基本情况、劳动力及非农务工情况、耕地及土地流转情况分析、收入水平及收入构成分析、粮食自给率和销售情况及农户家庭大米消费变化等方面分析广东水稻生产户的一些基本特征，通过对水稻生产户基本特征的分析，了解当前水稻生产者的基本情况、耕地及劳动力等水稻种植投入要素的情况、家庭粮食消费及销售情况等，对提高粮食产量、保障粮食安全具有重要意义。

一、调查地区农户基本情况

（一）调查地区农户基本信息

从表 5-1 的全省情况来看，户均人口数为 5.44 人，其中户均劳动力为 3.71 人，户均农业劳动力数仅 1.78 人，而务农农户的平均年龄达到 56.74 岁，整体上老龄化趋势明显，其文化程度的均值为 6.54 年，但对农活熟悉的农户占比达到 93.05%。总体而言，广东水稻生产户有如下特点：①50%以下的家庭劳动力参与农业生产；②目前参与水稻生产的农户老龄化，文化程度整体上偏低，大多为小学文化程度；③从事农业生产的农户，农活普遍熟悉。由于这部分农户多年参与水稻生产，有丰富的种植经验，对农活的熟悉程度普遍较高。

分地区来看，户均人口数最多的是西翼，为 6.20 人；最少的是山区，为 5.00 人；东翼和珠三角地区的户均人口数为 5.71 人和 5.16 人。其中户均劳动力数最多的是西翼，为 3.94 人；最少的是山区，为 3.51 人；东翼和珠三角地区的户均劳动力数为 3.59 人和 3.78 人，农户家庭可

表 5 - 1　调查地区农户基本信息

农户基本信息	珠三角	东翼	西翼	山区	合计
户均人口数（人）	5.16	5.71	6.20	5.00	5.44
户均劳动力数（人）	3.78	3.59	3.94	3.51	3.71
户均农业劳动力数（人）	1.77	1.52	1.88	1.77	1.78
务农农户年龄均值（岁）	56.61	65.17	56.32	55.49	56.74
务农农户文化程度均值（年）	6.46	4.90	6.73	6.78	6.54

数据来源：2021 年广东水稻生产户调查问卷整理。

用劳动力受限。在户均农业劳动力数方面，最多的是西翼，为 1.88 人，最少的是东翼，为 1.52 人，山区和珠三角地区均为 1.77 人，户均农业劳动力数占最高比例的是山区，为 50.43%，而东翼、西翼、珠三角三个地区均未超过 50%。务农农户平均年龄最小的是山区，为 55.49 岁，且文化程度均值最高，为 6.78 年；东翼地区务农农户的平均年龄最大，已达到 65.17 岁，老龄化程度最高，且文化程度均值最低，为 4.90 年；相比山区和东翼，西翼和珠三角地区处于两者的中间阶段，平均年龄分别为 56.32 岁和 56.61 岁，平均文化程度为 6.73 年和 6.46 年。可见，广东省务农农户老龄化趋势明显，且文化程度在整体上较低。可见，当前各地区从事农业生产的农户老龄化趋势普遍明显，文化程度整体上较低，仅山区和西翼地区的务农农户达到全省务农农户的平均文化程度。

（二）调查地区家庭收入构成

从表 5 - 2 的全省情况来看，农户家庭户均总收入为 90 303.60 元，户均农业经营性收入 12 972.11 元，户均种植业收入为 11 432.20 元，户均养殖业收入 446.47 元，户均其他农业经营性收入为 1 093.44 元，户均非农就业收入为 72 528.30 元，户均财产或转移收入为 4 803.19 元。整体而言，非农就业收入已成为农户家庭主要收入来源，农业经营性收入、种植业收入、养殖业收入、其他农业经营性收入等农业收入在家庭总收入的占比偏低。

表5-2　家庭收入构成

户均收入（元）	珠三角	东翼	西翼	山区	全地区
户均总收入	86 135.65	102 250.40	106 118.70	78 554.41	90 303.60
户均农业经营性收入	11 446.71	5 292.51	17 814.19	12 170.40	12 972.11
户均种植业收入	8 494.03	4 637.61	16 767.67	10 992.04	11 432.20
户均养殖业收入	541.23	262.63	125.45	664.65	446.47
户均其他农业经营性收入	2 411.45	392.27	921.07	513.71	1 093.44
户均非农就业收入	69 782.28	90 272.48	83 087.71	62 392.66	72 528.30
户均财产或转移收入	4 906.65	6 685.39	5 216.79	3 991.37	4 803.19

数据来源：根据2021年广东水稻生产户调查问卷整理。

注：户均农业经营性收入包括种植业、养殖业、农业务工、机械帮工；户均财产或转移收入包括养老金、退休金、集体分红、馈赠性收入、土地租金。

　　分地区来看，农户家庭户均总收入最高的是西翼地区，为106 118.70元；最低的是山区，为78 554.41元。珠三角户均总收入为86 135.65元，东翼地区户均总收入为102 250.40元。从各地区收入结构具体来看，一是农业经营性收入，户均农业经营性收入最高的是西翼地区，为17 814.19元，最低的是东翼地区，为5 292.51元，而山区和珠三角地区的户均农业经营性收入分别为12 170.40元、11 446.71元。二是种植业收入，户均种植业收入最高的地区为西翼，为16 767.67元；最低的是东翼，为4 637.61元；而山区和珠三角地区的户均种植业收入分别为10 992.04元、8 494.03元。三是养殖业收入，户均养殖业收入最高的地区为山区，为664.65元；其次是珠三角地区，为541.23元；最低的是西翼，仅为125.45元。四是其他农业经营性收入，山区、东翼、西翼的户均其他农业经营性收入均在1 000元以下，户均其他农业经营性收入最高的是珠三角，为2 411.45元。五是非农就业收入，户均非农就业收入最高的是东翼地区，为90 272.48元；其次是西翼，为83 087.71元；而山区和珠三角地区的户均非农就业收入在6 000～7 000元。六是户均财产或转移收入，最高的是东翼地区，为6 685.39元；最低的是山区，为3 991.37元。调查表明，非农就业收入已成为全省各地区农户家庭收入的主要来源，相对而言，种植业收入、养殖业收入、其他农业经营性收入等农业生产收入偏低，已不再是农户家庭的主要收入来源。可见，农业生产收入在农户家庭总收入的占比较低，农业收入副业化趋势明显，而非农就业收入已成为农户家庭的主要收入。

二、 劳动力及非农务工情况

从表 5 - 3 中的全省情况来看，户均非农务工数为 2.09 人，其中户均本省非农务工数为 2.00 人，户均外省非农务工数为 0.09 人，且人均非农务工时间为 8.92 个月。此外，户均迁移劳动力数为 1.63 人，其中户均男性迁移劳动力数为 1.01 人，占比 61.96%，户均女性迁移劳动力数 0.62 人，占比 38.04%，迁移劳动力中的平均年龄仅为 33.99 岁，迁移劳动力平均外出时间为 10.13 年，表明男性劳动力在农村劳动力中的占比更高，留守农村参与农业生产的劳动力以女性为主。

表 5 - 3 劳动力非农务工及迁移情况

劳动力非农务工及迁移情况	珠三角	东翼	西翼	山区	合计
户均非农务工数（人）	2.17	2.08	2.37	1.82	2.09
户均本省非农务工数（人）	2.05	2.04	2.25	1.77	2.00
户均外省非农务工数（人）	0.12	0.04	0.12	0.05	0.09
人均非农务工时间（月）	9.04	10.41	8.39	8.95	8.92
户均迁移劳动力数（人）	1.72	1.33	1.88	1.46	1.63
户均男性迁移劳动力数（人）	0.98	0.92	1.2	0.91	1.01
户均女性迁移劳动力数（人）	0.74	0.41	0.68	0.55	0.62
迁移劳动力年龄均值（岁）	34.83	35.49	33.23	33.75	33.99
人均迁移年数（年）	9.18	7.90	12.26	9.43	10.13

数据来源：根据 2021 年广东水稻生产户调查问卷整理。

总的来看，广东省劳动力及非农务工情况有如下特点：①农村劳动力迁移趋势明显，省内非农务工已成为农村劳动力迁移的主要"目的地"；②农村劳动力迁移以青壮年劳动力为主，且以农村男性劳动力居多，迁移劳动力外出年数较长。

（一）户均非农务工

分地区来看，在户均非农务工数方面，最少的是山区，仅为
1.82 人，其他三个地区均超过 2.00 人，所有地区的户均非农务工人数
均超过户均农业劳动力数，50％以上户均劳动力数选择外出务工，农村
劳动力迁移趋势明显。

（二）农村劳动力迁移

1. 农村劳动力迁移地点　在农村劳动力迁移地点方面，各地区的
本省非农务工数远远高于外省务工数，本省非农务工数占非农务工数均
超过 90％，其中最高占比的是东翼，达到 98％，省内非农务工已成为
农村劳动力迁移的主流。此外，在人均非农务工时间上，各地区均在
8 个月以上，最长的是东翼地区，为 10.41 个月；最短的是西翼，为
8.39 个月；山区和珠三角地区分别为 8.95 个月和 9.04 个月。表明这
一部分农村劳动力以非农务工为主，不参与或者极少参与到农业生
产中。

2. 迁移劳动力数　在迁移劳动力数方面，东翼地区的户均迁移劳
动力数最少，为 1.33 人，其中户均男性迁移劳动力数为 0.92 人，户均
女性劳动力数为 0.41 人；而西翼的户均迁移劳动力数最多，为
1.88 人，户均男性迁移劳动力数为 1.20 人，户均女性迁移劳动力数为
0.68 人，山区的户均迁移劳动力数分别为 1.46 人，户均男性迁移劳动
力数为 0.91 人，户均女性迁移劳动力数为 0.55 人；珠三角地区的户均
劳动力迁移数为 1.72 人，户均男性迁移劳动力数为 0.98 人，户均女性
迁移劳动力数为 0.74 人。除珠三角外，其他三个地区的户均男性劳动
力数占户均迁移劳动力数均超过 60％，而珠三角地区的户均男性劳动
力数占户均迁移劳动力数超过 50％，这表明当前农村劳动力迁移以男
性劳动力为主，女性劳动力也存在迁移现象，但其迁移劳动力数与男性
劳动力相比较少。

3. 迁移劳动力年龄　各地区迁移劳动力的平均年龄均未超过40岁，

其中迁移劳动力年龄均值最低的是西翼，为 33.23 岁；年龄均值最高的是东翼，为 35.49 岁。农村劳动力迁移以青壮年劳动力为主，老年人留守家中从事农业生产。各地区迁移劳动力的人均迁移年数最短的为东翼，为 7.90 年；人均迁移年数最长的为西翼，为 12.26 年；山区、珠三角地区的人均迁移年数均在 9 年以上。表明当前农村劳动力迁移的情况普遍存在，且迁移时间较长。

三、 耕地及耕地流转情况分析

从表 5-4 中的数据来看，全省的户均耕地面积为 7.68 亩，户均地块数量为 10.97 块，而耕地块均面积仅为 0.70 亩，耕地整体情况较为细碎化，户均撂荒耕地面积为 0.16 亩；在土地流转方面，户均耕地流转面积为 4.41 亩，耕地转入面积远远大于耕地转出面积，但亩均流转租金仅为 245.09 元。

表 5-4　耕地及耕地流转情况

单位：亩、块、元

耕地及土地流转	珠三角	东翼	西翼	山区	合计
户均耕地面积	8.65	3.43	9.03	7.03	7.68
户均地块数量	11.62	4.12	10.47	12.50	10.97
耕地块均面积	0.74	0.83	0.86	0.56	0.70
户均耕地流转面积	5.66	2.10	5.06	3.64	4.41
户均耕地转入面积	4.97	1.96	4.64	3.29	3.98
户均耕地转出面积	0.75	0.17	0.52	0.35	0.49
亩均流转租金水平	290.08	29.50	234.77	238.43	245.09
户均撂荒耕地面积	0.10	0.09	0.18	0.19	0.16

数据来源：根据 2021 年广东水稻生产户调查问卷整理。

总体而言，广东省耕地及土地流转情况具有如下特点：①耕地细碎化程度较高；②土地流转情况普遍，耕地转入面积远大于耕地转出面积，但土地流转市场不完善；③耕地抛荒情况普遍存在。下面就耕地及土地流转情况的三个特点分地区、分内容来具体分析。

（一）耕地细碎化情况

分地区来看，除东翼外，山区、西翼、珠三角三地的户均耕地面积均在 7.00 亩以上，户均地块数量均在 10.00 块以上，使得耕地块均面积小，均在 0.9 亩以下，尤其是山区，耕地均块面积仅 0.56 亩，细碎化严重；而东翼的户均耕地面积为 3.43 亩，且由于户均地块数量在 4 块左右，使得耕地块均面积为 0.83 亩，同样存在耕地细碎化。

（二）耕地流转情况

分地区来看，各地区都存在耕地流转现象，但户均耕地转入面积远远大于户均耕地转出面积，各地区的亩均流转租金不同且差异较大，珠三角、西翼、山区的亩均流转租金均超过 200 元，其中亩均流转租金最高的是珠三角，为 290.08 元，而东翼地区的亩均流转租金仅为 29.50 元，地区之间的亩均流转租金水平存在较大差距。可见，部分地区的耕地流转现象普遍存在，但耕地流转市场发展却不完善，各地区存在较大差异，"零租金"的耕地流转情况在农村更为常见。全省及各地区的耕地流转具体情况需要通过调查数据进一步分析，主要从耕地流转对象、耕地流转时间及期限、耕地流转中介及形式、耕地流转后规模及用途四个方面进行具体阐述。

1. 耕地流转对象 有关耕地流转对象具体情况主要从流转对象、流转对象来自何方、流转对象关系三个方面进行分析。如表 5-5、图 5-1 至图 5-3 中所示，从全省调查地区来看，耕地流转对象主要来自小户，全省调研地区流转对象为小户的占 83.94%；其次是大户，占 9.10%；流转对象为公司和村集体的相对较少。流转对象大多来自本村，占比接近 90%，本村在耕地流转时占据地缘优势，流转对象来自外村本镇或外镇的相对较少；而在与流转对象关系方面，耕地流转选择在朋友间流转的占比最高，占 36.80%；其次是非亲朋，占 35.50%，选择在亲戚间流转耕地的相对较少，占 30% 以下。

表5-5　流转对象具体情况

单位:%

流转对象具体情况		珠三角	东翼	西翼	山区	合计
流转对象	小户	70.85	88.81	78.14	88.26	83.94
	大户	18.66	4.48	7.83	6.67	9.10
	公司	3.21	0.00	3.68	2.99	3.20
	村集体	7.29	6.72	3.34	2.07	3.76
流转对象来源地	本村	80.70	97.76	89.38	91.92	89.54
	外村本镇	10.53	0.00	4.57	4.39	5.16
	外镇	8.77	2.24	6.05	3.70	5.30
流转对象关系	亲戚	20.18	26.87	26.67	31.76	27.70
	朋友	46.20	31.34	44.81	26.44	36.80
	非亲朋	33.63	41.79	28.52	41.80	35.50

数据来源:根据2021年广东水稻生产户调查问卷整理。

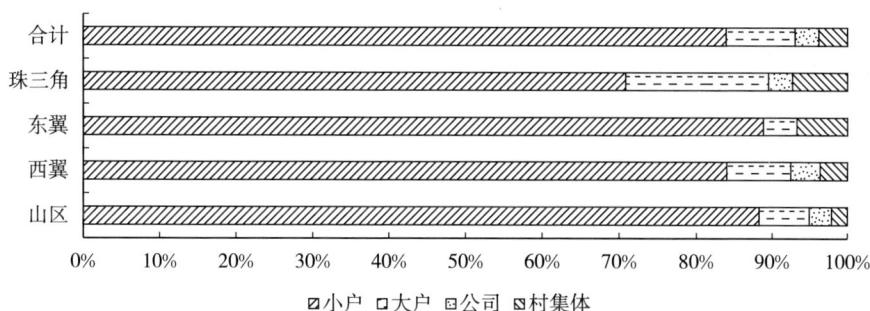

图5-1　流转对象占比情况
数据来源:根据2021年广东水稻生产户调查问卷整理。

　　分地区来看,各地区流转对象为小户的农户家庭最多,除珠三角地区的占比为70%左右,东翼、西翼、山区流转对象为小农的占比均达到80%;与全地区情况相同的是,流转对象为本村的占比最高,其中山区和东翼地区占比超过90%,西翼地区占比接近90%,仅珠三角地区占比80%左右,各地区流转对象为外村本镇或外镇的相对较少,占比较低,表明耕地流转在同村中的情况更为普遍,地缘占据较大优势;此外,与流转对象关系多以亲朋好友为主,各地区流转对象为亲戚与朋

65

友的户数总和均大于非亲朋，农村社会网络在耕地流转中发挥着重要作用，是双方建立信任的基础。

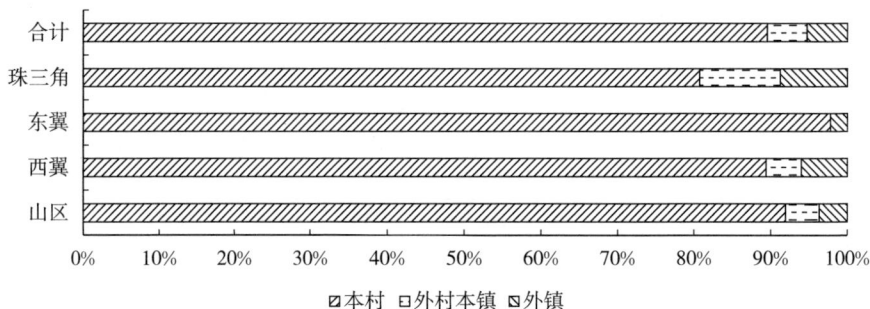

图5-2 流转对象来自地方占比情况
数据来源：根据2021年广东水稻生产户调查问卷整理。

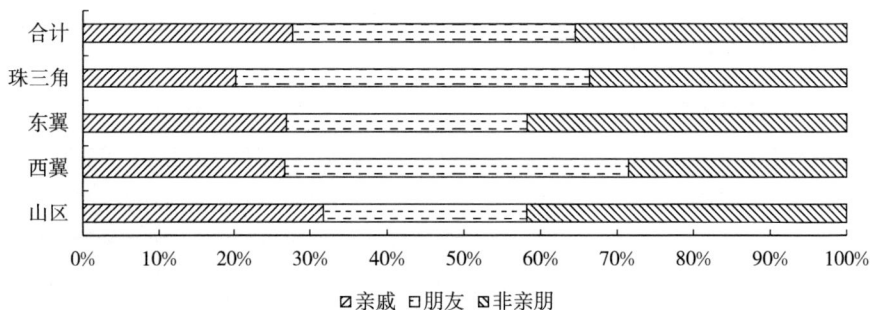

图5-3 流转对象关系占比情况
数据来源：根据2021年广东水稻生产户调查问卷整理。

2. 耕地流转时间及期限　有关耕地流转时间及期限主要从流转年份、是否约定期限、租期三个方面进行分析。如表5-6、图5-4和图5-5所示，从全省调查地区来看，耕地流转发生时间主要在5～10年前或3年内，两者占比均在38%左右，10年前发生耕地流转的农户家庭相对较少，占比22.59%，耕地流转在近十年内更为普遍，农户对耕地流转的意识更强；在耕地流转是否约定期限方面，未约定期限的农户家庭占比达80%以上，约定耕地流转期限的农户家庭占比仅16.01%，其占比远低于未约定农户家庭占比，农户对耕地流转约定期限的意识较低；而在约定流转期限的农户家庭中，倾向于选择"5年以

上"流转期限的农户家庭相对较多，占比接近 50%；而选择"1 年"或
"2～5 年"的农户家庭占比分别为 25.53%、27.66%，两者占比相当，
多数农户家庭更倾向于长期的流转期限，符合农业生产周期长的特点，
以此确保农业投入的收益。分地区来看，珠三角地区、东翼地区在
"5～10 年间"选择耕地流转的农户家庭比其他两个年份多，而西翼地
区、山区在"3 年内流转"的农户家庭比其他两个年份多，总体而言，
近十年来农村发生耕地流转的现象普遍存在；而从同一时期看，西翼、
山区发生耕地流转的农户家庭远多于珠三角和东翼地区，尤其是东翼地
区，发生耕地流转的农户家庭远低于其他地区，这与土地、劳动力等农
业生产要素密切相关；在耕地流转是否约定期限方面，除珠三角，其余
地区未约定流转期限的农户家庭占比均超过 80%，各地区未约定流转
期限的农户家庭远多于约定流转期限的农户家庭，农户家庭的契约意识
不强；在约定流转期限方面，"2～5 年""5 年以上"的流转期限是多数
农户家庭耕地流转期限的选择，尤其是东翼、西翼地区选择"5 年以
上"的农户家庭占比最高，其次是珠三角地区选择"2～5 年"流转期限
的农户家庭占比最多，反而山区农户家庭倾向"1 年"流转期限的最多，
其次是"5 年以上"约定期限，符合农业生产周期长、收益慢的特点。

表 5-6 耕地流转时间及期限

单位：%

耕地流转时间及期限		珠三角	东翼	西翼	山区	全地区
流转年份	10 年前流转	14.75	37.31	28.57	17.96	22.59
	5～10 年前流转	56.93	38.81	35.27	35.01	38.82
	3 年内流转	28.32	23.88	36.16	47.03	38.59
是否约定流转期限	是	23.32	11.94	18.70	11.24	16.01
	否	76.68	88.06	81.30	88.76	83.99
约定流转期限	1 年	18.81	11.11	18.40	40.43	25.53
	2～5 年	51.49	5.56	17.18	25.53	27.66
	5 年以上	29.70	83.33	64.42	34.04	46.81

数据来源：根据 2021 年广东水稻生产户调查问卷整理。

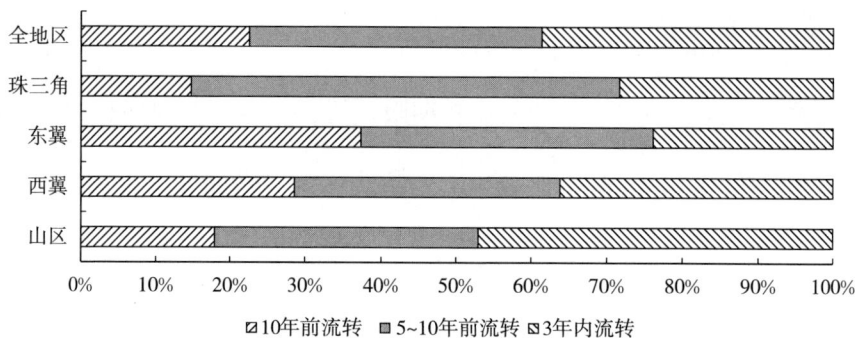

图 5-4　耕地流转年份占比情况

数据来源：根据 2021 年广东水稻生产户调查问卷整理。

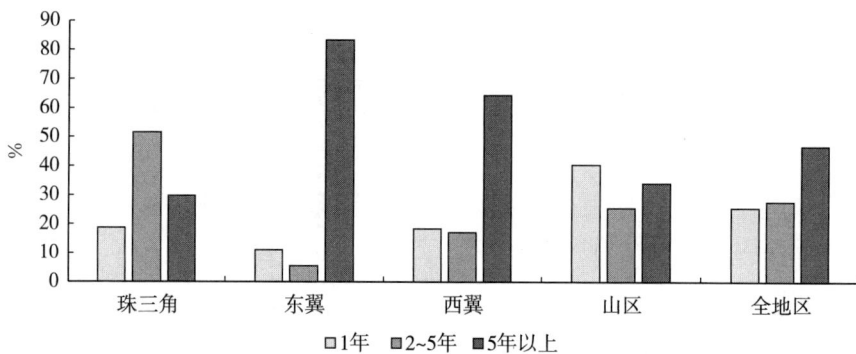

图 5-5　约定流转期限占比情况

数据来源：根据 2021 年广东水稻生产户调查问卷整理。

3. 耕地流转中介及形式　如表 5-7 和图 5-6 所示，从全省调研地区看，中介参与耕地流转方面，"自己协商"的农户家庭占比接近 90%，"村集体""中介公司""村中能人"参与耕地流转的情况远低于农户之间自行商量流转的情况，农户自行商量耕地流转一方面流转双方能清楚表达流转意愿和租金等情况；另一方面，处于农村熟人社会网络，"自己协商"的形式更加符合农户行为。在流转合同方面，"无合同"的农户家庭占比超过 70%，其次是选择"口头合同"的农户家庭占比在 20% 以下，耕地流转选择"书面合同"的农户家庭占比最低，这与农户的契约意识不强及农村熟人社会有一定的关系。分地区来看，各地区农户家庭在耕地流转时选择"自己协商"的农户家庭最多,除珠三角地区占比81.02%,其余三个地区农户家庭选择"自己协商"的占比超过90%;在耕地流转合同形式方面,各地区耕地流转"无合同"的农户家庭远多于"口头合同""书面合同"的农户家庭,在农村熟人社会网络的环境下,"无合同"的耕地流转符合当前的情况,但不利于保护农户的利益。

表5-7　耕地流转中介及合同形式

单位:%

耕地流转中介及合同形式		珠二角	东翼	西翼	山区	合计
中介参与流转情况	村集体参与	13.55	6.72	7.22	7.22	8.06
	中介公司参与	1.20	0.00	0.00	0.00	0.29
	村中能人参与	4.22	1.49	1.39	1.39	1.98
	自己协商	81.02	91.79	91.38	91.38	89.67
流转合同形式	无合同	46.63	77.61	74.21	78.30	71.54
	口头合同	31.09	17.16	13.27	12.73	16.21
	书面合同	22.29	5.22	12.52	8.97	12.24

数据来源:根据2021年广东水稻生产户调查问卷整理。

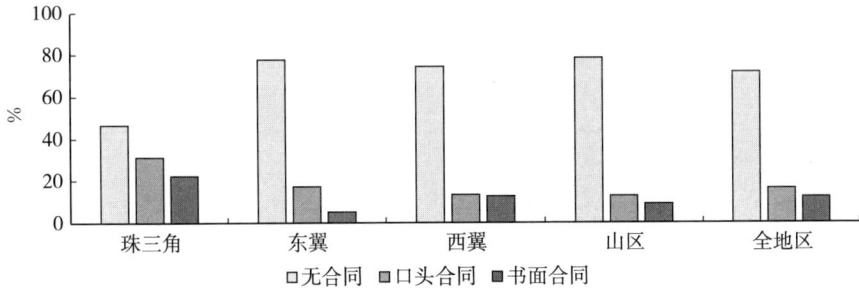

图5-6　耕地流转合同形式占比情况

数据来源:根据2021年广东水稻生产户调查问卷整理。

4. 耕地流转后规模及用途　如表5-8、图5-7所示,从全省调研地区看,耕地流转后"未打破田埂"的农户家庭占比87.14%,"打破田埂"的农户家庭占比只有12.86%,这也在一定程度上限制了耕地面积规模化发展,但也保护了选择转出土地的农户家庭权益;在被流转土地用途方面,选择种植水稻的农户家庭占比超过80%,选择种植玉米

等其他粮食作物、种植水果等经济作物、种植蔬菜等农业用途的次之，
选择用于发展乡村旅游等项目的非农用途占比最低，农户家庭在耕地流
转后，仍旧种植水稻，改变土地用途的情况较少。分地区来看，各地区
耕地流转后选择"未打破田埂"的农户家庭远多于选择"打破田埂"的
农户家庭，各地区"未打破田埂"的农户家庭占比均超过80％，尤其
是山区，占比90％以上，与农村社会环境密切相关；在流转耕地用途
方面，各地区流转耕地用于种植水稻的农户最多，四个地区用于"种植
水稻"的占比超过70％，耕地流转后仍旧与农业生产相关，改变耕地
用途用于非农的非常少。

表5-8　耕地流转后规模及用途

单位：％

耕地流转后规模及用途		珠三角	东翼	西翼	山区	合计
是否打破田埂	是	17.71	17.16	17.97	5.97	12.86
	否	82.29	82.84	82.03	94.03	87.14
被流转土地的用途	种植水稻	90.27	78.36	74.64	81.50	80.20
	种植玉米等其他粮食作物	7.96	17.16	14.12	10.74	11.95
	种植蔬菜	0.59	0.75	2.48	0.95	1.45
	种植水果等经济作物	2.36	2.24	18.56	11.10	11.85
	用于发展乡村旅游等项目	0.00	0.00	0.00	0.95	0.39
	其他	1.18	2.24	1.44	2.98	2.07

数据来源：根据2021年广东水稻生产户调查问卷整理。

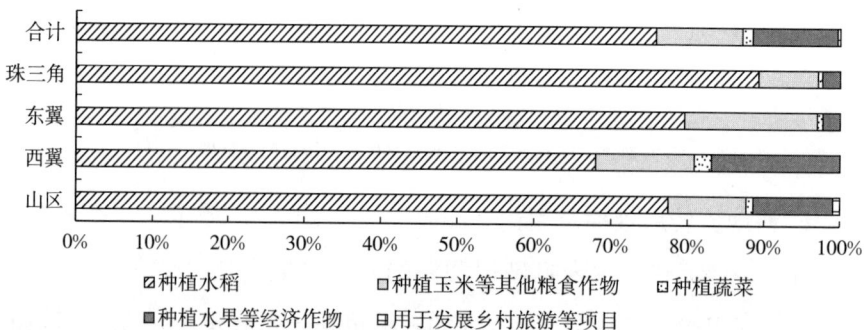

图5-7　被流转土地用途占比情况

数据来源：根据2021年广东水稻生产户调查问卷整理。

（三）耕地抛荒情况

各地区均存在耕地抛荒现象。在表5-9、图5-8中，全省调查地区的户均撂荒耕地面积为0.16亩，各地区的户均撂荒耕地面积在0.09～0.19亩，而西翼地区、山区的户均撂荒耕地面积较珠三角、东翼地区大。耕地撂荒现象的出现，使得耕地种植面积进一步减少。那么，农户家庭撂荒耕地的原因需要进一步深入了解，全省调研地区因"灌溉条件不好"而撂荒耕地的农户家庭户数最多，占比接近30%，因为"地块太远"而撂荒耕地的户数次之；在耕地撂荒原因上，"灌溉条件不好""地块太远""地块太小"等自然环境原因占比之和最高，"缺乏劳动力耕作""周边农田也抛荒"等同样影响农户是否选择撂荒耕地。分地区来看，各地区由于"地块太远""灌溉条件不好""地块太小"等自然条件影响选择耕地撂荒的农户家庭较多，自然因素在农业生产上有重要影响作用；但各地区之间相互比较，调研发现山区和西翼地区农户家庭耕地撂荒的户数远多于珠三角、东翼地区，这与广东各地区之间不同的自然条件相关。

表5-9 农户家庭耕地撂荒原因

单位:%

耕地撂荒原因	珠三角	东翼	西翼	山区	全地区
地块太远	17.86	16.67	27.19	20.14	21.75
灌溉条件不好	15.48	25.00	37.72	28.47	28.25
地块太小	13.10	0.00	3.51	6.25	6.78
周边农田也抛荒	9.52	0.00	4.39	11.81	8.47
缺乏劳动力耕作	21.43	25.00	4.39	11.81	12.15
野兽危害	4.76	0.00	0.88	2.78	2.54
其他	17.86	33.33	21.93	18.75	20.06

数据来源：根据2021年广东水稻生产户调查问卷整理。

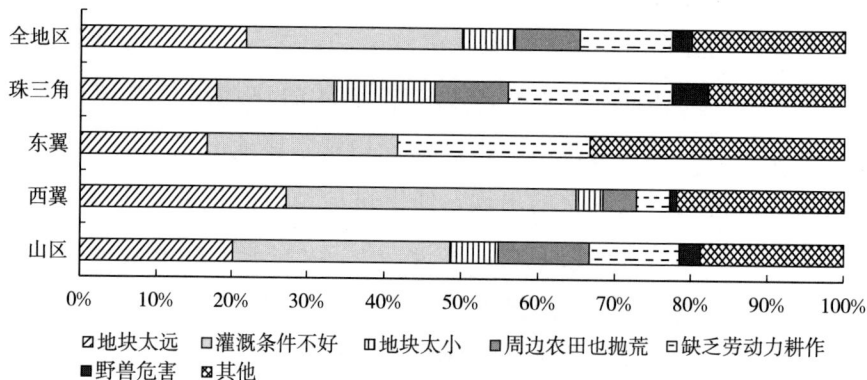

图 5-8　农户家庭耕地撂荒原因占比

数据来源：根据 2021 年广东水稻生产户调查问卷整理。

四、 农户稻谷自给率、 销售及家庭消费情况

（一）农户稻谷自给率

从图 5-9 各地区粮食自给率情况来看，全省的农户家庭粮食自给率达到 92.19％，各地区的粮食自给率均在 80％以上，尤其是珠三角地区，粮食自给率达到 96.01％。可见，农户种植水稻的主要目的之一是满足家庭口粮需求，且全省大部分农户种植水稻所得产出能够满足家庭需求。

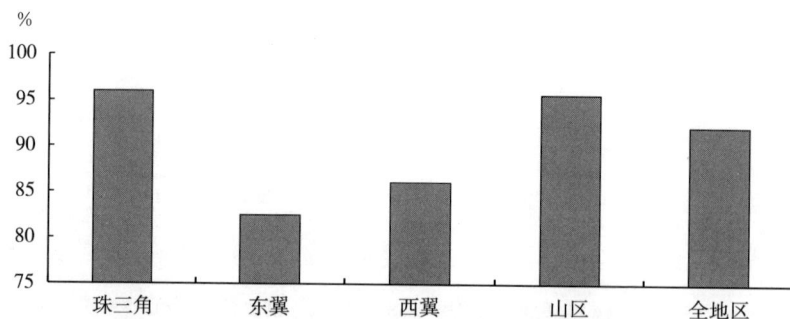

图 5-9　各地区粮食自给率情况

数据来源：根据 2021 年广东水稻生产户调查问卷整理。

（二）大米消费量变化情况

此外，从表5-10过去十年家庭大米消费量变化情况中看出，全省调研地区过去十年家庭大米消费量不变的农户家庭为724户，占全部调研农户家庭的60%以上，大米消费量减少的农户家庭为207户，占比18%左右，而大米消费量增加的农户家庭为187户，占比为16.73%；从各地区来看，过去十年家庭大米消费量大多数处于不变或减少，少数农户的需求量有所增多。可见，广东各地区对大米的需求量基本保持不变，多数农户家庭的粮食生产能够满足家庭需要。

表5-10 过去十年家庭大米消费量变化情况

单位:%

地区	增多	不变	减少
珠三角	14.95	71.53	13.52
东翼	13.46	45.19	41.35
西翼	21.47	68.27	10.26
山区	15.20	62.47	22.33
全地区	16.73	64.76	18.52

数据来源：根据2021年广东水稻生产户调查问卷整理。

（三）稻谷销售情况

农户种植水稻所得的稻谷除了满足家庭口粮需求外，剩余稻谷一般通过销售以获得收益。从表5-11稻谷销售情况和图5-10大米销售渠道占比情况看来，全省多数农户家庭稻谷销售渠道选择商贩上门收购，为391户，占比60%以上。同时，各地区选择稻谷销售渠道为商贩上门收购方式的占比均在60%以上，商贩上门收购方式既节省农户运输稻谷进行销售的运输费，又节省农户选择碾米出售的加工费，是当前较多农户选择销售稻谷的较好渠道；选择与公司合作收购的农户家庭较少，从全地区来看仅为2户，农户家庭在销售稻谷时，更愿意选择市场价格进行售卖；此外，也有部分农户选择国营粮库、当地粮食加工厂、自己碾米出售、公司合同收购、其他等多种渠道进行稻谷销售，以此获得种植水稻的经济收益。而在选择稻谷是否进行销售时，全省调查地区农户家庭选择稻谷销售户数占比为54.95%，山区、西翼、珠三角地区稻谷销售户数占比分别为61.00%、43.87%、65.58%，占比最少的是东翼，仅为31.96%，这也与各地区的粮食自给率情况相符合，能满足家庭口粮需求的农户家庭，则有剩余稻谷进行销售。在销售稻谷时，全省调查地区农户家庭选择湿谷销售占比较少，仅为5%；各地区农户选择湿谷销售占比最多的是珠三角，为9.06%，最少的是山区，仅占比0.72%，表明湿谷销售的市场无法与干谷销售相比，这也促使农户付出劳动增加稻谷晾晒环节。

表 5-11　稻谷销售情况

单位:%

| 地区 | 稻谷销售渠道选择户数占比 | | | | | | 湿谷销售占比 | 稻谷销售户数占比 |
	国营粮库	当地粮食加工厂	商贩上门收购	自己碾米出售	公司合同价收购	其他		
珠三角	12.17	8.99	60.32	5.82	0.53	12.17	9.06	65.58
东翼	0.00	0.00	66.67	9.09	0.00	24.24	3.09	31.96
西翼	2.16	10.07	67.63	3.60	0.00	16.55	7.74	43.87
山区	3.40	7.55	60.75	6.79	0.38	21.13	0.72	61.00
全地区	5.56	7.95	62.16	6.04	0.32	17.97	5.00	54.95

数据来源：根据2021年广东水稻生产户调查问卷整理。

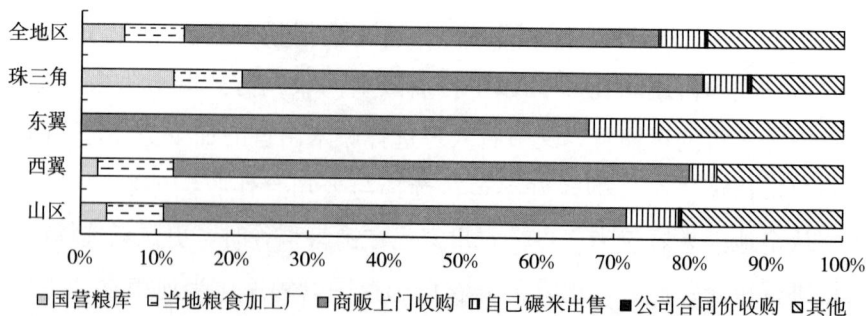

图 5-10　大米销售渠道占比情况

数据来源：根据2021年广东水稻生产户调查问卷整理。

五、 本章结论

本章从调查地区农民基本信息、劳动力及非农务工情况、耕地及土地流转情况、家庭收入构成、粮食自给率和销售情况及农户家庭大米消费变化情况等方面分析了广东水稻生产户的基本特征。从户均人口数、户均劳动力数、户均农业劳动力数、户均农民年龄均值、务农农民文化程度均值、熟悉农活的务农农民占比分析务农农民的基本特征；从户均非农务工数、户均本省非农务工数、户均外省非农务工数、人均非农务工时间、户均迁移劳动力数、户均男性迁移劳动力数、户均女性迁移劳动力数、迁移劳动力年龄均值等方面分析劳动力及非农务工情况；从户均耕地面积、户均地块数量、耕地块均面积、户均撂荒耕地面积、户均耕地流转面积、户均耕地转入面积、户均耕地转出面积、亩均流转租金水平等方面分析耕地及耕地流转的情况；从户均总收入、户均种植业收入、户均其他农业收入、户均非农务工收入、户均其他非农收入等方面分析农民家庭的收入水平及收入构成；从粮食自给率和销售渠道与模式及农户家庭大米消费变化等方面分析农民家庭稻谷消费量及销售情况特征。本章主要得出以下结论：

（1）50%以下的家庭劳动力参与农业生产，农户家庭可用劳动力较少，户均人口数为5.44人，其中户均劳动力为3.71人，户均农业劳动力数仅1.78人；目前参与水稻生产的农民老龄化，文化程度整体上偏低，大多为小学文化程度，务农农民的平均年龄达到56.74岁，整体上老龄化趋势明显，其文化程度的均值为6.54年；从事农业生产的农民，对农活普遍熟悉，多年参与水稻生产，有丰富的种植经验。

（2）农村劳动力迁移趋势明显，到省内务工（非农）已成为农村劳动力迁移的主要目的，户均劳动力为3.71人，户均非农务工数为2.09人，其中户均本省非农务工数为2.00人，户均外省非农务工数为0.09人，且人均非农务工时间为8.92个月；农村劳动力迁移以青壮年劳动力为主，且以农村男性劳动力居多，户均迁移劳动力数为1.63人，其中户均男性迁移劳动力数为 1.01 人，占比 61.96%，户均女性迁移劳动力数 0.62 人，占比 38.04%，迁移劳动力的平均年龄仅为 33.99 岁。

（3）耕地整体情况较为细碎化，在土地流转方面，耕地细碎化程度较高，全省的户均耕地面积为 7.68 亩，户均地块数量为 10.97 块，而耕地块均面积仅为 0.70 亩；土地流转情况普遍，耕地转入面积远大于耕地转出面积，但土地流转市场不完善，户均耕地流转面积为 4.41 亩，耕地转入面积远远大于耕地转出面积，亩均流转租金为 245.09 元；耕地抛荒情况普遍存在，户均撂荒耕地面积为 0.16 亩，进一步减少农民可耕种土地面积。

（4）农业生产收入在农户家庭总收入的占比较低，农业收入副业化趋势明显，农户家庭户均总收入为 90 303.6 元，户均种植业收入为 11 432.2 元，户均非农务工收入为 72 528.30 元。

（5）各地区对大米的需求量有所上升，多数农户家庭的粮食生产能够满足家庭需要。全省调研地区农户家庭粮食自给率达到 92.19%，过去十年家庭大米消费量不变的农户家庭占全部调研农户家庭的 65% 左右。

第六章　广东水稻种植户成本收益现状

从上一章的分析中我们对广东省水稻生产户的基本特征有一定的了解，本章将在此基础上对调查地区农户水稻生产的成本收益情况进行详细分析。成本收益分析区分了不同地区早中晚三季水稻的具体情况。总收益利用水稻产出与销售价格进行计算，总成本包括种子、化肥、农药、燃料等物质成本，人工成本，机耕、机插、机收等雇佣机械成本，土地成本，其中人工成本按劳动时间 8 小时/工、120 元/工进行折算，土地成本统一按 200 元/亩计算。按照两种标准计算了水稻种植利润，分别是利润 1＝收入－总成本；利润 2＝收入－物质成本－雇佣机械服务。本章的分析有助于对广东珠三角、东翼、西翼和山区水稻种植户在过去一年的水稻生产效益进行判断，对于政策建议的提出有重要作用。

一、早稻

表 6-1 显示了调查地区早稻种植户成本收益情况。从投入来看，调查地区早稻总成本平均为 1 358.27 元/亩，其中山区的总成本最高，达 1 464.29 元/亩，珠三角最低，为 1 294.72 元/亩，二者相差 169.57 元/亩。从产出来看，调查地区早稻收入平均为 1 116.90 元/亩，其中山区收入最高，为 1 219.45 元/亩，而珠三角最低，只有 993.36 元/亩，二者相差 226.09 元/亩。综合来看，所有调查地区的早稻均处于亏损状态，其中珠三角亏损最多，为 301.36 元/亩；在不考虑人工成本和土地成本的情况下，所有调查地区的利润皆为正数，平均利润为 468.41 元/亩。

表 6-1 调查地区种植户早稻成本收益情况

单位：元/亩、小时

亩均成本	珠三角	东翼	西翼	山区	平均
总成本	1 294.72	1 365.75	1 316.09	1 464.29	1 358.27
物质成本	400.20	369.03	511.45	445.21	445.04
种子	56.77	55.22	113.65	103.03	88.13
肥料	224.97	217.98	235.58	225.40	227.64
农药	93.83	63.00	97.33	95.24	91.62
燃料	14.12	4.20	35.35	13.96	19.69
其他物质	10.59	28.64	29.54	7.53	17.95
人工成本	483.86	523.60	438.13	614.09	509.78
劳动时间	32.26	34.91	29.21	40.94	33.99
雇佣机械服务	210.66	273.12	166.51	205.00	203.45
收入	993.36	1 191.81	1 033.02	1 219.45	1 116.90
利润 1	−301.36	−173.93	−283.07	−244.84	−241.37
利润 2	382.50	549.67	355.06	569.25	468.41

数据来源：根据 2021 年广东水稻生产户调查问卷整理。

注：人工成本按劳动时间 8 小时/工、120 元/工进行折算，土地成本统一按 200 元/亩计算。总成本＝物质成本＋人工成本＋雇佣机械服务＋土地成本；利润 1＝收入－总成本；利润 2＝收入－物质成本－雇佣机械服务成本。

从各项投入来看，人工成本最高，劳动时间平均为 33.99 小时，亩均人工成本均值为 509.78 元/亩，其中山区人工成本最高，为 614.09 元/亩，西翼最低，为 438.13 元/亩；其次为物质成本，平均为 445.04 元/亩，西翼最高，为 511.45 元/亩；再次是雇佣机械服务成本，平均为 203.45 元/亩，东翼最高，为 273.12 元/亩，西翼最低，为 166.51 元/亩。各项物质成本当中，肥料的平均成本为 227.64 元/亩，占平均物质成本的 51.14%，其中东翼的占比最高，占其物质成本的 56.21%，西翼最低，占比 46.06%；农药费用次之，占其物质成本的 20.59%，其中东翼的占比最高，占其物质成本的 23.45%，东翼最低，占比 17.07%；种子和燃料的费用分别占其物质成本的 19.80% 和 4.42%。

二、 中稻

表6-2显示了调查地区中稻种植户成本收益情况。在调查地区中，只有肇庆、韶关、河源、清远四个地方种植中稻，因此统计珠三角和山区数据。首先，从投入来看，调查地区中稻总成本平均约为1 433.04元/亩，珠三角为1 447.18元/亩，山区为1 429.34元/亩。从产出来看，调查地区中稻收入平均为1 204.88元/亩，其中珠三角为694.12元/亩，山区为1 170.92元/亩。综合来看，中稻种植户均产生亏损，其中珠三角亩均亏损753.06元/亩，山区亩均亏损258.42元/亩。若不计算人工成本和土地成本，则调研各地的中稻种植户都产生了正的亩均利润，亩均利润平均约为587.49元/亩，其中珠三角亩均利润为131.76元/亩，山区亩均利润为552.33元/亩。

表6-2 调查地区种植户中稻成本收益情况

单位：元/亩、小时

亩均成本	珠三角	山区	平均
总成本	1 447.18	1 429.34	1 433.04
物质成本	436.10	409.97	411.62
种子	161.94	69.07	71.58
肥料	192.91	236.20	236.70
农药	74.94	85.14	84.55
燃料	3.75	9.43	8.98
其他物质	2.57	10.26	9.90
人工成本	684.82	610.75	615.65
劳动时间	45.65	40.72	41.04
雇佣机械服务	126.26	208.61	205.77
收入	694.12	1 170.92	1 204.88
利润1	−753.06	−258.42	−228.16
利润2	131.76	552.33	587.49

数据来源：根据2021年广东水稻生产户调查问卷整理。

注：人工成本按劳动时间8小时/工、120元/工进行折算，土地成本统一按200元/亩计算。总成本＝物质成本＋人工成本＋雇佣机械服务＋土地成本；利润1＝收入−总成本；利润2＝收入−物质成本−雇佣机械服务成本。

从各项投入来看，人工成本最高，劳动平均时间为 41.04 小时，亩均人工成本均值为 615.65 元/亩，其中珠三角为 684.82 元/亩，山区为 610.75 元/亩；其次为物质投入成本，平均为 411.62 元/亩，其中珠三角物质成本为 436.10 元/亩，山区为 409.97 元/亩；种子、肥料、农药三项成本占亩物质成本的九成以上，其中肥料的亩均成本是最高的，占物质成本的 57.50%，珠三角和山区肥料占比分别为 44.24% 和 57.61%；农药占物质成本的 20.54%，为 84.55 元，珠三角和山区农药占比分别为 17.19% 和 20.77%；种子成本占物质成本的 17.39%。

三、 晚稻

表 6-3 显示了调查地区晚稻种植户成本收益情况。从投入来看，调查地区晚稻总成本平均为 1 367.87 元/亩，其中山区总成本最高，达 1 438.53 元/亩，西翼最低，为 1 292.92 元/亩。从产出来看，调查地区晚稻收入平均为 1 298.55 元/亩，其中山区最高，为 1 442.87 元/亩，珠三角最低，为 1 130.44 元/亩。综合来看，除山区外，其他调查地区的亩均利润为负，山区利润为 4.34 元/亩，最低为珠三角，亏损 273.33 元/亩。在不考虑人工成本和土地成本的情况下，全部调查地区的利润皆为正数。

表 6-3　调查地区种植户晚稻成本收益情况

单位：元/亩、小时

亩均成本	珠三角	东翼	西翼	山区	平均
总成本	1 403.77	1 387.55	1 292.92	1 438.53	1 367.87
物质成本	499.85	372.54	494.81	434.28	462.86
种子	149.16	48.58	110.57	90.91	107.21
肥料	230.63	226.61	221.92	217.08	220.28
农药	92.96	64.11	98.74	100.49	94.93
燃料	13.80	2.28	34.70	16.04	21.52
其他物质	11.73	30.46	28.86	9.70	18.56
人工成本	489.75	542.02	423.71	597.03	498.98

（续）

亩均成本	珠三角	东翼	西翼	山区	平均
劳动时间	32.65	36.13	28.25	39.80	33.27
雇佣机械服务	214.17	272.99	174.39	207.22	206.02
收入	1 130.44	1 248.78	1 180.92	1 442.87	1 298.55
利润1	−273.33	−138.77	−111.99	4.34	−69.32
利润2	416.42	603.26	511.72	801.37	629.66

数据来源：根据2021年广东水稻生产户调查问卷整理。

注：人工成本按劳动时间8小时/工、120元/工进行折算，土地成本统一按200元/亩计算。总成本＝物质成本＋人工成本＋雇佣机械服务＋土地成本；利润1＝收入−总成本；利润2＝收入−物质成本−雇佣机械服务成本。

从各项投入来看，与早稻种植户投入的情况类似，人工成本是最高的，平均劳动时间为33.27小时，亩均人工成本均值为498.98元/亩，其中最高为山区，为597.03元/亩，最低为西翼，为423.71元/亩；其次为物质成本，平均为462.86元/亩，其中珠三角的物质成本最高，为499.85元/亩，最低为东翼，为372.54元/亩；种子、肥料、农药三项成本占亩物质成本的九成以上，肥料费用是最高的，平均占物质成本的47.59%，为220.28元，肥料费用最高的地区是珠三角，为230.63元/亩，最低为山区，217.08元/亩；其次是种子成本，平均占物质成本23.16%，最高和最低为珠三角和东翼，分别为149.16元/亩和48.58元/亩；农药成本占物质成本的20.51%，最高和最低为山区和东翼，分别为100.49元/亩和64.11元/亩。

四、 本章结论

本章对广东省不同地区水稻种植户不同季节的亩均水稻种植效益进行了详细分析，通过分析得知调查地区中稻亩均种植成本最高，平均总成本达到1 433.04元/亩；早稻和晚稻亩均种植成本相差不大，均为1 350元/亩左右。从各项投入来看，物质成本和人工成本仍然占比最高，雇佣机械服务和土地成本占比相对较低。调研地区晚稻亩均种植收入最高，平均总收入达到 1 292.95 元/亩，早稻平均总收入最低为 1 116.90 元/亩。从总收入和总成本的角度分析全地区的水稻种植平均利润，早稻、中稻和晚稻都呈现亏损状态，其中早稻、中稻亏损较大，均亏损 220 元/亩左右，晚稻亏损较小为 85.90 元/亩。如果成本只计算物质成本和雇佣机械服务成本，则早、中、晚稻均呈现盈利状态，晚稻获利最大，达到 629.66 元/亩。具体来看，广东省各个季节水稻成本收益特点如下：

（1）调查地区早稻总成本平均为 1 358.27 元/亩，各项投入中人工成本最高，其次为物质成本，再次是雇佣机械服务成本。在各地区山区的总成本最高，珠三角最低，二者相差 169.57 元/亩。调查地区早稻总收入平均为 1 116.90 元/亩，其中山区收入最高，珠三角最低。从总收入和总成本的角度分析种植利润，则早稻平均利润呈现亏损状态，如果成本只计算物质成本和雇佣机械服务成本则呈现盈利状态。

（2）调查地区只有珠三角的肇庆山区的韶关、河源、清远种植中稻。调查地区中稻总成本平均为 1 433.04 元/亩，各项投入中人工成本最高，其次为物质成本，再次是雇佣机械服务成本。调查地区中稻总收入平均为 1 204.88 元/亩，珠三角和山区的平均总收入分别为 694.12 元/亩和 1 170.92 元/亩。从总收入和总成本的角度分析种植利润，则中稻平均利润呈现亏损状态，如果成本只计算物质成本和雇佣机械服务成本则呈现盈利状态。

（3）调查地区晚稻总成本平均为 1 367.87 元/亩，各项投入中人工成本最高，其次为物质成本，再次是雇佣机械服务成本。调查地区晚稻总收入平均为 1 298.55 元/亩，其中珠三角总收入平均为 1 130.44 元/亩。山区总收入平均为 1 442.87 元/亩，两地区相差 312.43 元/亩。从总收入和总成本的角度分析种植利润，则晚稻平均利润呈现亏损状态，其中珠三角亏损较大为 273.33 元/亩；如果成本只计算物质成本和雇佣机械服务成本则呈现盈利状态。

第七章 广东水稻种植户水稻种植模式及技术采用

本章主要对调查地区水稻种植模式及技术采用进行分析，主要内容包括水稻种植模式、主推技术和品种采用情况、各地区单双季稻比例情况、农业生产中的劳动力雇佣与机器烘干比例。通过对水稻种植模式及技术采用情况进行分析，了解广东省水稻种植户的单季稻和双季稻采用情况，杂交稻和常规稻采用情况，优质稻和非优质稻采用情况，机耕、机插、机收、飞防、烘干采用情况，以及"三控"施肥技术的推广情况。

一、水稻种植模式

表 7-1 为广东省水稻种植模式调查情况。综合来看，珠三角地区的机械化率最高，其中机插秧种植占全省全部耕种土地面积的68.51%。

表 7-1 广东省水稻种植模式调查情况

单位：%

种植模式	珠三角	东翼	西翼	山区	合计
机耕	96.09	95.74	94.96	94.78	95.36
机收	94.38	95.73	94.71	93.06	94.10
机插秧	68.51	1.15	0.00	0.00	26.81
飞防	51.95	0.88	0.14	21.84	27.07

数据来源：根据 2021 年广东水稻生产户调查问卷整理。

（一）机耕

调查显示，广东省的机耕率 95.36%。其中珠三角地区的机耕比例

83

最高，为96.09%；东翼次之，占比95.74%；西翼机耕比例为94.96%；山区机耕比例最低，为94.78%。本次调查的机耕率与往年相比略低，其原因可能与随机抽样调查有关，抽取的农户小农户占比大，且其中有部分农户以传统耕作为主。

（二）机收

机收的调查情况与机耕情况相似，总机收占比94.10%。其中东翼的机收比例最高，为95.73%；珠三角地区次之，占比94.38%；西翼机收比例为94.71%；山区机收比例最低，为93.06%。

（三）机插秧

机插秧的比例较低，在调查中只有珠三角地区和东翼极小部分土地使用机插秧。总机插秧比例26.81%。其中珠三角地区的机插秧占比为68.51%；东翼机插秧比例为1.15%；山区和西翼机插秧比例为0。

（四）飞防（无人机喷药）

航空施药可以及时有效地控制大面积病虫害的发生，与地面喷雾相比，具有工作效率高、不受地形因素的限制、施药均匀且穿透性好等优点。广东省的水稻飞防率还比较低，本次调查总飞防率为27.07%。其中珠三角地区的飞防比例最高，为51.95%；山区次之，占比21.84%；东翼飞防比例为0.88%；西翼飞防比例最低，为0.14%。

（五）播种方式

水稻种植中可采用的播种方式多样，本次调查分为五种播种方式，分别是：机器插秧、人工插秧、抛秧、机器直播以及人工直播。由表7-2可知，珠三角是机插秧采用比例最大的地区，占比68.51%，小部分采用人工插秧和抛秧的播种方式，直播面积较少；东翼是采用人工插秧的比例最高的地区，占比95.09%，其余的一小部分土地采用机械插秧、抛秧和人工直播；西翼是人工插秧比例最低的地区，且机械插秧的比例为0，大部分采用抛秧和人工直播的播种方式，两者比例近似1∶1，山区使用抛秧的比例最高，占比59.51%，其余多是使用人工插秧的方式，同时有少量土地采用直播。

84

表7-2　广东省水稻播种方式调查情况

单位:%

播种模式	珠三角	东翼	西翼	山区	合计
机器插秧	68.51	1.15	0.00	0.00	26.85
人工插秧	19.48	95.09	7.08	36.52	25.36
抛秧	10.85	3.42	43.37	59.51	33.60
机器直播	0.33	0.00	0.09	2.55	0.93
人工直播	0.83	0.34	49.47	1.42	13.26

数据来源:根据2021年广东水稻生产户调查问卷整理。

(六) 施药方式

本次调查水稻的农药施用方式包括手摇式施药、半自动施药(燃油或电动)和飞防(无人机施药)。由表7-3的施药方式调查情况统计表可知各区域施药方式区别较大。珠三角采用飞防的比例最高,占48.95%,其余采用手摇和半自动施药土地的比例接近1:1;东翼的飞防比例低,仅占0.87%,基本上采用手摇式施药与半自动施药,二者分别占比50.31%和48.81%;西翼施药方式情况与东翼相似;山区采用手摇式施药占比47.64%,其余的土地采用半自动施药,比例为31.21%,飞防比例是除珠三角外最高的地区,为21.16%。

表7-3　广东省水稻施药方式调查情况

单位:%

施药模式	珠三角	东翼	西翼	山区	合计
手动施药	25.45	50.31	52.46	47.64	40.05
半自动施药	25.61	48.81	47.40	31.21	33.77
飞防	48.95	0.87	0.14	21.16	26.18

数据来源:根据2021年广东水稻生产户调查问卷整理。

二、 主推技术和品种采用情况

(一)"三控"施肥技术

水稻"三控"施肥技术是为了解决水稻生产中存在的一些突出问题,

比如超量施用化肥农药、水稻对化肥的使用率低、过量的化肥农药导致的环境污染等。其技术原理是：通过控制总施氮量，降低基蘖肥的氮肥比例，提高氮肥利用率，减少环境污染。通过控制基蘖肥施氮量和晒田等措施，减少无效分蘖，控制苗峰，提高群体成穗率。通过控制苗峰，增加群体通透性，控制病虫害发生和农药用量，提升稻米食用安全性。

如图7-1所示，广东省水稻种植中采用"三控"施肥技术的比例为10.20%。其中珠三角地区采用"三控"施肥技术的比例最高，为39.83%；山区次之，占比28.81%；西翼采用"三控"施肥技术的比例25.2%；东翼采用"三控"施肥技术的比例最低，为6.16%。

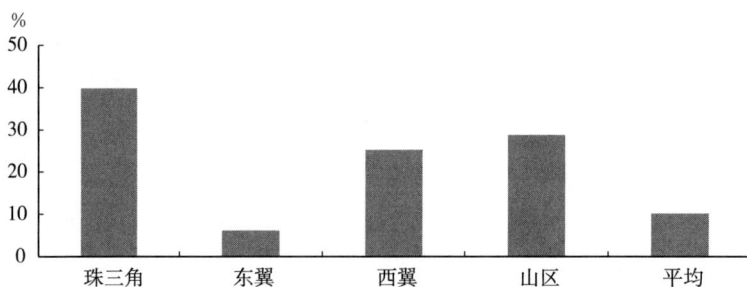

图7-1 广东省采用"三控"施肥技术比例情况

数据来源：根据2021年广东水稻生产户调查问卷整理。

（二）品种采用情况

早中晚稻种植品种采用情况占比如表7-4所示。珠三角倾向于种植常规优质稻，东翼、西翼和山区的农户偏向种植杂交优质稻，其中东翼有八成以上的农户会选择种植杂交优质稻。

表7-4 早中晚稻种植品种采用情况

品种采用情况		珠三角	东翼	西翼	山区	合计（亩）	占比（%）
早稻	杂交 优质	19.25	80.03	50.88	77.80	1 776.31	42.53
	杂交 普通	2.06	3.91	5.37	8.34	177.12	4.24
	常规 优质	67.58	14.90	23.60	12.20	1 768.85	42.35
	常规 普通	11.10	1.17	20.15	1.66	454.00	10.87
	合计（亩）	2 046.37	266.09	1 042.65	821.17	4 176.28	100.00

（续）

品种采用情况			珠三角	东翼	西翼	山区	合计（亩）	占比（%）
中稻	杂交	优质	24.04	—	—	84.32	304.17	83.63
		普通	28.85	—	—	13.73	50.55	13.90
	常规	优质	—	—	—	1.96	7.03	1.93
		普通	47.12	—	—	—	1.96	0.54
	合计（亩）		4.16	—	—	359.55	363.71	100.00
晚稻	杂交	优质	22.34	81.45	63.28	38.61	2 453.70	41.51
		普通	2.27	4.78	4.34	4.07	209.82	3.55
	常规	优质	65.04	12.58	17.53	56.19	2 773.25	46.92
		普通	10.36	1.19	14.84	1.13	474.06	8.02
	合计（亩）		2 045.02	259.49	1 593.16	2 013.16	5 910.83	100.00

数据来源：根据 2021 年广东水稻生产户调查问卷整理。

三、 各地区单双季稻比例情况

如表 7-5 所示，种植单季稻的农户占比为 24.42%，双季稻占比为 75.58%。山区的种植户种植单季稻占比最大，达到 39.36%，其次为 西翼地区，达 26.32%。珠三角及东翼种植双季稻为主。

表 7-5　水稻种植单双季稻占比情况

单双季稻占比	珠三角	东翼	西翼	山区	合计（户）	占比（%）
双季稻	93.48	93.75	73.68	60.64	820	75.58
单季稻	6.52	6.25	26.32	39.36	265	24.42
合计（户）	276	96	304	409	1 085	100

数据来源：根据 2021 年广东水稻生产户调查问卷整理。

四、 农业生产中的劳动力雇佣、 机器烘干比例

表 7-6 反应的是劳动力雇佣、雇用服务的采用情况。调研的农户 中有约 10% 的农户选择雇用劳动力，其中山区的农户更需要雇用劳动 力来实现粮食生产。有 87.42% 的农户选择采用雇用机收服务进行收 割，其中东翼及山区机收比例达到 90% 以上。采用雇用机械进行耕种

的农户占 56.47%，其中东翼的占比最高，为 78.57%。统一育秧服务、烘干服务及粮食代存服务普及率不高，采用的农户占比均在 2% 以下。

表 7-6 劳动力雇佣、雇佣服务采用情况占比

采用占比	珠三角	东翼	西翼	山区	合计（户）	占比（%）
雇佣劳动力	9.39	7.14	4.59	14.91	108	9.92
机耕服务	54.15	78.57	61.97	48.66	615	56.47
统一育秧服务	2.17	5.10	0.66	1.47	19	1.74
机插秧服务	22.38	2.04	0.00	2.20	73	6.70
无人机喷洒农药	25.27	0.00	0.00	17.36	141	12.95
机收服务	77.26	91.84	89.51	91.69	952	87.42
烘干服务	1.44	0.00	0.00	1.47	10	0.92
粮食代存服务	0.36	0.00	0.00	0.24	2	0.18
合计（户）	277	98	305	409	1 089	—

数据来源：根据 2021 年广东水稻生产户调查问卷整理。

五、 本章结论

本章从水稻种植模式、主推技术和品种采用情况、各地区单双季稻比例情况、农业生产中的劳动力雇佣、机械烘干比例方面对广东省调研地区水稻种植模式和技术采用情况进行分析。本章的主要结论如下：

（1）本章对水稻种植户的机耕、机收、机插秧、飞防等机械化使用情况进行了分析，调研地区机耕、机收比例较高，全地区平均机耕和机收比例在 95% 以上，其中珠三角地区机耕机收比例最高，均为 95% 左右。机插秧和飞防比例相对较低。全地区播种方式中插秧占比最大，其次是抛秧，直播占比最小。其中珠三角地区以机插秧为主，东翼以人工插秧为主，西翼和山区以抛秧为主。打药方式依旧以手动为主，全地区飞防占比只有 27.07%。

（2）"三控"施肥在调研地区推广效果不佳，全地区水稻种植中采用"三控"施肥技术的比例为 10.20%。其中珠三角推广效果最好，东翼最差。通过品种分析得知，调查地区早稻和晚稻种植杂交稻和常规稻

的比例相差不大，中稻则以杂交稻为主。早中晚稻都是以优质稻为主。另外，调查全地区双季稻占比仍然达到 70% 多，其中珠三角和东翼地区达到 90% 以上。

（3）调查全地区机耕机收采用占比较高，尤其是机收占比超过 90%。无人机喷洒农药、烘干服务、粮食代存服务等方面的服务采用比例仍然较低。考虑原因可能是农村相关设施建设的落后，以及农民观念没有转变，采用意愿不高。

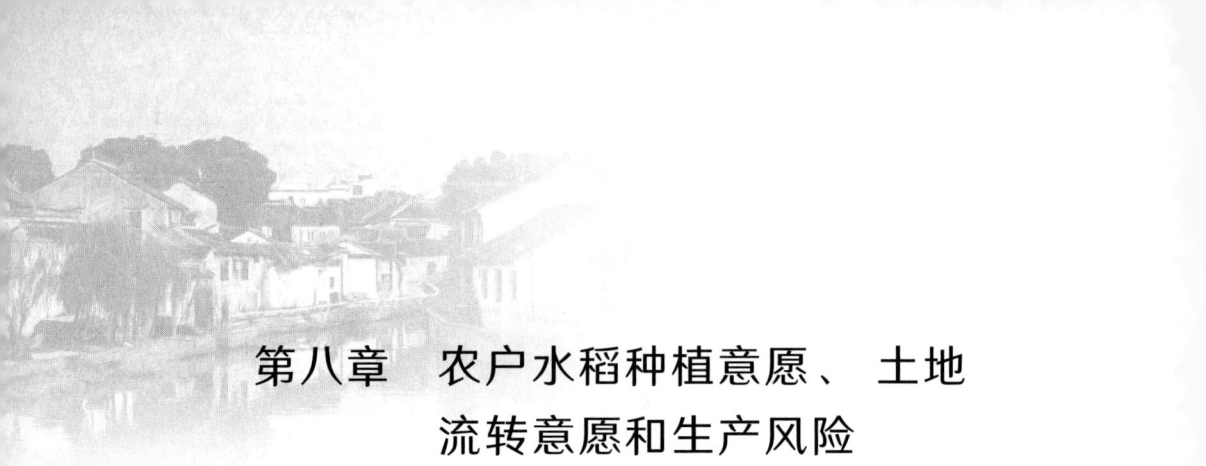

第八章　农户水稻种植意愿、土地流转意愿和生产风险

从上一章我们已经了解到水稻种植户种植模式和技术采用情况，本章将对种植户的水稻种植意愿、土地流转意愿和生产风险进行深入分析。随着农村劳动力的流失和农村人口老龄化的加剧，当前农村中农户种粮热情不断下降。另外由于传统小农赋予土地极大的保险功能等原因，农村土地流转较为困难，不利于推进土地适度规模经营和发展大户经营。农户种植意愿和土地流转意愿关系到广东省粮食安全保障，利用调研数据进行深入分析具有重要意义。

一、农户水稻种植意愿

（一）农户水稻生产目的

农户从事水稻生产一般要么满足家庭粮食需求，要么用于销售以获得收入。从表 8-1 可以看出，广东农户种植水稻的目的主要是为了满足口粮需求，达到 80.90%；其次是为获得利润，占 14.23%。其他原因有：没有其他就业、以农为乐、轮作需要、方便管理、饲料需求和避免丢荒。农户观点如下："自己种的更健康，用米糠可以喂牲畜，也可以节省饲料成本"（茂名市信宜市金垌镇）；"照顾孙子孙女，顺便种点田"（肇庆市高要区大湾镇）；"种植水稻能方便种圣女果"（阳江市阳西县上洋镇）；"种完芋头要种一造水稻，再种芋头，不然芋头会多病害"（湛江市雷州市沈塘镇）；"不种就在那里丢荒长草"（湛江市遂溪县乐民镇）。

表 8-1 水稻种植户种植水稻目的情况占比

单位：户、%

种植水稻目的	珠三角	东翼	西翼	山区	合计	占比
口粮需要	79.42	83.67	83.28	79.46	881	80.90
获得利润	13.72	6.12	12.46	17.85	155	14.23
没有其他就业	4.69	6.12	2.95	2.20	37	3.40
以农为乐	2.17	2.04	0.33	0.24	10	0.92
其他	0.00	2.04	0.98	0.24	6	0.55
合计	277	98	305	409	1 089	100

数据来源：根据 2021 年广东水稻生产户调查问卷整理。

表 8-2 所示的是主要目的为口粮需求的农户不从市场上购买粮食替代家庭生产的原因。原因是自己种的粮食安全和自己种的粮食好吃的农户占比较高，分别为 52.33% 和 52.89%。其次是市场购买价格太高，自己种成本低，占 32.24%。还有一部分农户考虑的是粮食安全性的问题，家里有粮食是十分重要的。此外没有其他的收入来源也是一部分农户自己种粮而不买粮的原因。其他的原因包括照顾老人小孩，家中有土地就种粮等。

表 8-2 不从市场购买粮食代替自己种粮的原因占比

单位：户、%

自己种粮的原因占比	珠三角	东翼	西翼	山区	合计	占比
市场购买价格太高，自己种成本低	17.57	6.11	22.71	19.22	284	32.24
自己种的粮食安全	31.01	38.17	32.97	25.88	461	52.33
自己种的粮食好吃	30.49	37.40	34.72	25.88	466	52.89
家里有粮，心里不慌	13.70	7.63	3.93	14.23	158	17.93
没有其他收入来源	6.72	6.87	4.80	13.86	132	14.98
其他	0.52	3.82	0.87	0.92	16	1.82
合计	389	132	458	541	881	—

数据来源：根据 2021 年广东水稻生产户调查问卷整理。

（二）农户种粮意愿

如表 8-3 所示，种植水稻的农户中，有 65.2% 的农户有剩余粮食，28.1% 的农户生产的粮食刚好满足家庭需求，还有 6.7% 的农户不能满足家庭粮食供给。针对未来家中年轻人是否会从事农业的问题，大多数被调查的种植户认为家中的年轻人以后不会再从事农业的占比约70%。约20.73%的种植户不能确定家中年轻人是否会从事农业。只有8%的农户认为家中年轻人会从事农业，与2017年调查的问卷相比下降了3%。农业生产"后继无人"的情况越来越严重，种粮主体转型变得越来越重要。

表8-3 水稻种植户生产水稻满足口粮及从事农业情况占比

单位：户、%

地区		口粮满足情况			年轻人未来是否会从事农业			
	有剩余	满足	不能满足	合计	会	不会	不确定	合计
珠三角	70.76	25.63	3.61	277	8.00	71.27	20.73	275
东翼	54.08	29.59	16.33	98	3.06	85.71	11.22	98
西翼	53.44	34.43	12.13	305	9.51	57.05	33.44	305
山区	72.86	24.69	2.44	409	8.11	72.97	18.92	407
合计 频数	710	306	73	1 089	87	751	247	1 085
占比	65.20	28.10	6.70	100	8.02	69.22	22.76	100

数据来源：根据2021年广东水稻生产户调查问卷整理。

对未来5年水稻种植户是否还会从事水稻生产的调查显示（表8-4），会继续从事水稻生产的农户约占75%，约16%的农户表示不能确定，仅有约9%的农户认为5年后不会继续从事水稻种植。与2017年农户调查问卷相比，5年后继续从事水稻种植的农户增长10%，5年后不会从事水稻种植的农户下降4%，短期内的种粮意愿有所好转。

表8-4 未来5年和10年的种粮意愿占比

单位：户、%

地区		未来5年			未来10年		
	会	不会	不确定	合计	会	不会	不确定	合计
珠三角	77.26	8.66	14.08	277	60.29	13.36	26.35	277
东翼	66.33	7.14	26.53	98	35.71	14.29	50.00	98
西翼	76.39	9.18	14.43	305	60.98	11.48	27.54	305

（续）

地区		未来5年				未来10年			
		会	不会	不确定	合计	会	不会	不确定	合计
山区		75.55	9.78	14.67	409	49.63	15.65	34.72	409
合计	频数	821	99	169	1 089	591	150	348	1 089
	占比	75.39	9.09	15.52	100	54.27	13.77	31.96	100

数据来源：根据2021年广东水稻生产户调查问卷整理。

对未来10年水稻种植户是否还会从事水稻生产的调查中，超过半数的农户认为仍然会种植水稻，认为不确定的农户占31.96%，约14%的农户则认为不会从事种植水稻。现在种粮的农户未来很可能继续种粮，但是随着年龄的增加，农户水稻种植意愿呈现下降的趋势，当期必须考虑未来谁来种粮的问题。

（三）近五年及2021年早稻种植面积的变化及减少的原因

由表8-5可知，近五年早稻种植面积的变化中不变的农户占大部分，为83.54%，近五年早稻种植面积下降的农户占10.05%，而增加的仅占6.41%。2021年受旱情影响早稻播种面积也不容乐观，早稻种植面积下降的农户占6.76%，增加的仅占4.09%。可见，农户播种早稻的趋势在下降。近五年及2021年东翼下降农户占比最多，分别有14.15%、12.24%的农户降低了早稻的播种面积。

表8-5　近五年及2021年早稻面积的变化占比

单位：户、%

早稻情况	珠三角	东翼	西翼	山区	合计	占比
近五年早稻情况						
不变	87.59	81.13	85.58	79.95	939	83.54
减少	8.16	14.15	8.65	11.32	113	10.05
增加	4.26	4.72	5.77	8.73	72	6.41
合计	282	106	312	424	1 124	100
2021年早稻情况						
不变	89.53	90.82	93.77	92.67	1 002	89.15
减少	9.39	12.24	4.26	6.11	76	6.76
增加	2.89	5.10	4.26	4.89	46	4.09
合计	282	106	312	424	1 124	100

数据来源：根据2021年广东水稻生产户调查问卷整理。

如表 8-6 所示，近五年早稻下降的原因最多的为劳动力缺乏，占
43.12%，其次是早稻种植没有利润、土地转出、灌溉条件不好、气候
原因。进行土地流转，适度规模化种植，提高水稻种植效益能够缓解面
积减少的趋势。

表 8-6　近五年早稻面积减少原因占比

单位：户、%

减少的原因	珠三角	东翼	西翼	山区	合计	占比
没有劳动力	40.00	37.50	21.21	40.74	47	43.12
早稻种植没有利润	20.00	18.75	18.18	14.81	23	21.10
土地转出	6.67	6.25	12.12	22.22	19	17.43
灌溉条件不好	10.00	6.25	9.09	7.41	11	10.09
气候原因	6.67	0.00	15.15	5.56	10	9.17
早稻米质不好、价格低	10.00		3.03	1.85	5	4.59
其他原因	6.67	31.25	21.21	7.41	18	16.51
合计	30	16	33	54	109	—

数据来源：根据 2021 年广东水稻生产户调查问卷整理。

如表 8-7 所示，2021 年早稻面积减少的原因除了劳动力缺乏和进
行了土地流转等近年的整体趋势外，2021 年旱情严重成为农户早稻的
种植面积下降的重要原因，占 32.89%。

表 8-7　2021 年早稻面积减少的原因占比

单位：户、%

减少的原因	珠三角	东翼	西翼	山区	合计	占比
劳动力缺乏	33.33	31.25	36.00	40.00	42	55.26
土地转出	19.44	31.25	28.00	25.00	29	38.16
干旱	22.22	12.50	28.00	20.00	25	32.89
资金问题	8.33	12.50	8.00	2.50	8	10.53
其他原因	16.67	12.50	0.00	12.50	13	17.11
合计	36	16	25	40	76	—

数据来源：根据 2021 年广东水稻生产户调查问卷整理。

（四）影响水稻生产效益的原因

由表 8-8 可知，影响水稻生产效益提高的原因主要有农资价格高、粮食价格低、土地规模小和土地太分散等。除此之外管理水平跟不上、机械使用率低、品种差、雇用服务贵劳动力不足、缺乏烘干设备、没有场地储存粮食等也成为水稻生产效益无法提高的原因。

表 8-8　影响水稻生产效益原因占比

单位：户、%

影响水稻生产效益原因	珠三角	东翼	西翼	山区	合计	占比
农资价格高	29.48	18.80	37.82	34.14	579	53.12
粮食价格低	31.22	18.80	22.81	29.59	480	44.04
土地规模小	10.70	28.57	10.14	9.71	203	18.62
土地太分散	7.64	6.77	10.14	8.65	153	14.04
管理水平跟不上	3.49	6.02	6.24	4.86	88	8.07
机械使用率低	3.49	1.50	4.09	3.64	63	5.78
品种差	4.15	7.52	1.56	3.49	60	5.50
雇用服务贵，劳动力不足	2.40	6.02	0.39	1.67	32	2.94
缺乏烘干设备	1.97	0.00	1.36	0.46	19	1.74
没有场地储存粮食	0.44	0.00	0.39	0.00	4	0.37
其他	34	21	54	47	156	14.31
合计	469	146	541	681	1 090	—

数据来源：根据 2021 年广东水稻生产户调查问卷整理。

二、　农户土地流转意愿和规模化种植意愿

（一）土地转出意愿

表 8-9 表示的是农户土地转出意愿情况，有近六成的农户只要价格合适就愿意流转，仅仅只有四成左右的农户表示不太愿意出租，甚至价格再高也不愿意流出土地。可见市场经济的大背景下，农户流出土地意愿略强，价格合适就会把土地流转出去。

表 8-9 农户土地转出意愿情况

单位：户、%

土地转出意愿	珠三角	东翼	西翼	山区	合计	占比
价格合适就会租	61.35	31.13	49.04	66.27	640	56.94
不太愿意租	10.64	4.72	4.17	7.31	79	7.03
价格再高也不愿意租	28.01	64.15	46.79	26.42	405	36.03
合计	282	106	312	424	1 124	100

数据来源：根据2021年广东水稻生产户调查问卷整理。

由表 8-10 可知，对于价格合适就转出的农户而言，土地租金要根据土地生产力和种植的作物、便利性和产生的利润确定，一般不能高于其他村民耕作土地的最高利润，太高可能租不出去，按照一般亩产水平土地为标准，转出土地用于水稻生产，每年一租，农户愿意接受合意租金均值为 637.64 元/亩。在此租金水平下，愿意出租土地的面积均值为3.8亩，可能性均值为八成。可见虽有六成的农户在价格合适的情况下愿意流出土地，但是农户流转的意愿价格较高，土地流出的情况并没有非常乐观。

表 8-10 价格合适就转出的农户土地转出具体意愿

具体意愿		珠三角	东翼	西翼	山区	合计
意愿租金	均值（元/亩）	661.07	338.44	674.89	637.35	637.64
	频数（户）	169	32	153	275	629
意愿亩数	均值（亩）	5.03	1.34	3.52	3.48	3.80
	频数（户）	170	33	152	274	629

数据来源：根据2021年广东水稻生产户调查问卷整理。

还有一部分价格再高也不愿意转出的农户，大部分都是因为自己有种粮需求，种植水稻能够满足家庭口粮。其他不愿流出的原因有自己对土地有特殊感情、不在乎那点租金收入、自己将来想收回来收不回来和必须要村集体同意统一出租等（表 8-11）。农户观点如下："自己种比较安心"（惠州市龙门县龙田镇）；"租给别人怕收不回来，不敢租给别人。"（揭阳市揭东区桂岭镇）；"外村的人不租，不放心"（阳江市阳西县上洋镇);"一个人不敢租出去,除非全村同意"(肇庆市怀集县桥头镇新);"没有其他收入来源"(汕头市潮阳区西胪镇);"土地是农户的命"(揭阳市揭东区桂岭镇)。

表 8-11 不愿意转出的原因

单位:户、%

不愿转出原因	珠三角	东翼	西翼	山区	合计	占比
自己要种	72.37	67.69	76.03	71.82	289	72.80
自己对土地有特殊感情	9.21	6.15	5.48	7.27	27	6.80
不在乎那点租金收入	1.32	4.62	8.22	9.09	26	6.55
自己将来想收回来收不回来	3.95	4.62	1.37	3.64	12	3.02
必须要村集体同意统一出租	5.26	4.62	0.68	2.73	11	2.77
其他原因	7.89	12.31	8.22	5.45	32	8.06
合计	76	65	146	110	397	—

数据来源:根据 2021 年广东水稻生产户调查问卷整理。

(二)土地转入意愿

由表 8-12 可知,大部分农户都不愿意转入土地,占 83.36%,只有 16.64% 的农户表示价格合适就会转入土地。

表 8-12 农户土地转入意愿

单位:户、%

土地转入意愿	珠三角	东翼	西翼	山区	合计	占比
价格再低也不租进来	84.40	92.45	82.69	80.90	937	83.36
价格合适就会租	15.60	7.55	17.31	19.10	187	16.64
合计	282	106	312	424	1 124	100

数据来源:根据 2021 年广东水稻生产户调查问卷整理。

如表 8-13 所示,没有转入意愿的农户最主要是因为年纪大的种不了(更多的土地),种粮的农户平均年龄为 56.74 岁,老龄化情况明显,这一部分的人没有大规模种植的能力,因此不愿意转入更多土地进行种植。此外还有 22.44% 的农户表示自己种的粮食已经满足了家庭的需求,不愿意转入更多土地,也有近 20% 的农户认为种田的成本高,种地不赚钱,种更多的田会亏本。其他的不愿意转入的原因还有家中劳动力不足、不想种田等。农户的观点如下:"太多了用不完,一般够自己吃就行了"（惠州市龙门县龙田镇）；"都是分的，不租别人的"（梅州市兴宁市大坪镇）；"种不过来，化肥、农药太贵"（河源市龙川县赤光镇）；"年纪大，现在种的够吃，价格低，不好卖"（肇庆市高要区大湾镇）；"这里很多田，不用租金"（茂名市信宜市金垌镇）。

表 8-13　农户不愿转入的原因

单位：户、%

不愿意转入的原因	珠三角	东翼	西翼	山区	合计	占比
年纪大了种不了	46.89	57.41	58.92	52.62	566	62.27
种的粮食已经够吃了	28.21	15.74	12.46	19.11	83	9.13
种地不赚钱	15.75	15.74	16.84	17.80	204	22.44
劳动力不足	6.96	6.48	8.08	8.64	0	0.00
其他	2.20	4.63	3.70	1.83	29	3.19
合计	273	108	297	382	909	—

数据来源：根据 2021 年广东水稻生产户调查问卷整理。

对于价格合适就会租入土地的农户（表 8-14），给出以下前提："土地租金基于土地生产力、种植作物、土地可及性以及当前从土地获得的利润。一般来说，租入每亩土地的租金不应该超过经营土地所产生的收入和利润，租金太低，可能得不到土地。按照当地一般亩产水平土地为标准，用于水稻生产，每年一租。"农户的意愿租金均值为 291.07元/亩。意愿亩数均值为 36.24 亩，中值为 10 亩。

表 8-14　价格合适就转入的农户土地转入具体意愿

具体意愿		珠三角	东翼	西翼	山区	合计
意愿租金	均值（元/亩）	341.90	91.67	297.27	273.78	291.07
	最小值	0	0	0	0	0
	最大值	4 000	150	1 000	1 000	4 000
	频数	42	6	55	74	177
意愿亩数	均值（亩）	29.98	2.20	28.84	47.26	36.24
	中值	10	2	9	10	10
	频数	41	5	54	75	175

数据来源：根据 2021 年广东水稻生产户调查问卷整理。

表 8-15 表示的转出与转入农户的意愿年限占比，有 62.58% 的农户转出意愿年限为 5 年以上，而愿意短期出租（每年一租）的农户仅仅占 11.77%。对于有意愿转入的农户来说，年限设置在每年一租的农户比例比转出户多，转入的农户要降低流转风险，因而更倾向于长期的流转。

表 8-15　转出与转入意愿年限占比

地区 (%)	转出意愿年限				转入意愿年限			
	每年一租	2~5 年	5 年以上	合计	每年一租	2~5 年	5 年以上	合计
珠三角	10.71	26.79	62.50	168	16.28	27.91	55.81	43
东翼	6.67	40.00	53.33	30	0.00	66.67	33.33	6
西翼	17.33	25.33	57.33	150	24.07	25.93	50.00	54
山区	9.93	23.53	66.54	272	12.66	26.58	60.76	79
合计　频数	73	159	388	620	30	51	101	182
占比	11.77	25.65	62.58	100	16.48	28.02	55.49	100

数据来源：根据 2021 年广东水稻生产户调查问卷整理。

（三）农户规模化种植意愿

如表 8-16 所示，在是否有计划发展规模化水稻种植的调查中，76.58% 的种植户没有计划发展规模化的水稻种植，只有 14.78% 的种植户有此计划，8.63% 的种植户不能确定。

表 8-16　水稻种植户是否计划规模化发展水稻种植

单位：户、%

规模化种植意愿	珠三角	东翼	西翼	山区	合计	占比
是	13.36	5.10	18.69	15.16	161	14.78
否	77.62	92.86	68.52	78.00	834	76.58
不确定	9.03	2.04	12.79	6.85	94	8.63
合计	277	98	305	409	1 089	100

数据来源：根据 2021 年广东水稻生产户调查问卷整理。

三、 水稻生产的保险情况

表 8-17 表示的是水稻种植保险购买意愿，从表中数据可以看出，

仅仅有 65.56％的种植户听说过水稻种植保险，而只有 50.96％的农户 2020 年购买了水稻种植保险。认为有必要购买水稻保险的农户约占 32％，没必要的约占 20％，无所谓的农户约占 50％。

表 8-17 水稻种植保险情况

单位：户、%

保险情况	珠三角	东翼	西翼	山区	合计	占比
知道水稻生产保险占比	66.43	31.63	60.00	77.26	714	65.56
购买保险意愿						
有必要	34.30	53.06	38.36	21.27	351	32.23
没必要	15.52	17.35	26.89	16.38	209	19.19
无所谓	50.18	29.59	34.75	62.35	529	48.58
有购买水稻保险占比	50.90	15.31	46.56	62.84	555	50.96
合计	277	98	305	409	1 089	—

数据来源：根据 2021 年广东水稻生产户调查问卷整理。

四、 本章结论

本章从农户水稻生产目的、农户种粮意愿、近五年及 2021 年早稻种植面积的变化及减少原因、影响水稻生产效益的原因几个角度对农户水稻种植意愿进行分析，从土地转出意愿土地转入意愿两个角度对农户土地流转意愿进行分析。以下是本章的主要结论：

（1）各地区水稻种植户种植水稻的主要目的都是口粮需求，认为自己种的粮食更安全好吃。当前大部分农户水稻种植都能满足口粮需求，东翼和西翼地区口粮满足率相对较低，只有五成左右。未来年轻人大都不愿意从事农业，农业生产主体老龄化加剧。对于未来种粮计划，多数农户表示未来五年会继续种粮，但是时间拉长到十年之后，较多农户开始表示不确定。近五年调研地区早稻种植面积变化不大，部分地区早稻种植面积减少，主要原因是劳动力缺乏以及早稻种植利润低下，农资价格高和粮食价格低是影响水稻种植效益的主要原因。

（2）对于土地转出意愿，多数农户表示价格合适就愿意转出土地，部分地区如东翼和西翼转出意愿较低，主要原因是自己要种。农户意愿转出的亩数较小，意愿租金较高。对于土地转入意愿，表示价格再高也不愿意租进来的占比达到 80％以上，主要原因是年纪太大、种的粮食已经够吃和种地不赚钱。农户意愿转入的亩数相对转出亩数更大，意愿租金较低，农户转出意愿价格与转入意愿价格差距较大。

（3）仅有约 65％的农户听说过水稻种植保险，并且约有 32％的农户认为购买水稻保险是有必要的。水稻保险普及率低，农户购买意愿不强。

第三篇

广东省种粮大户水稻
生产情况分析

第九章 广东省种粮大户基本情况

从第八章的分析中已得知小户生产粮食的目的以满足口粮为主，占比达到 76.78%，小户生产主体多、成本高，每户产的粮食主要是为了满足家庭消费（包括口粮和饲料用粮），能够销售到市场的大米有限。水稻种植大户数量少，难以在普通农户调查中获得相应信息，有必要进行针对性调查。在当前广东农村劳动力大量转移，土地流转加快的背景下，广东种粮大户也不断涌现，出现了一批经营土地规模达到几十亩、几百亩、甚至几千亩的种粮大户，通过对这类经营主体的基本特征、家庭特征、经营者特征、土地特征等内容进行研究，对提高广东省粮食产量、保障粮食安全、实现农业现代化具有重要意义。在 2019 年初选取了粤东、粤西、粤北和珠三角地区 6 市的 186 户种粮大户进行问卷调查，调查地区分布如下：汕头市潮阳区，阳江市江城区、阳春市、阳西县、阳东区，湛江市雷州市，清远市连山县，韶关市始兴县，惠州市惠城区和龙门县。

一、种粮大户基本特征

（一）种粮大户类型

分析种粮大户的类型对了解当前水稻种植大户的运作模式有重要意义。本书将种粮大户分为家庭经营与合伙经营两类。由表 9 - 1 可知，在水稻生产大户类型的调查中，家庭经营的占 87.10%，占据着主导位置，合伙经营的占 12.90%，可见在种粮大户中已出现部分的合伙经营，在调查中还发现，合伙经营主要通过共同出资的方式实现，同时也存在提供管理经营和销售渠道等合作方式。

表 9-1 种粮大户类型

	汕头	韶关	湛江	惠州	清远	阳江	总计	
							频数	%
家庭经营	27	26	30	22	34	23	162	87.10
合伙经营	4	5	4	7	1	3	24	12.90
总计	31	31	34	29	35	26	186	100

数据来源：根据 2019 年水稻生产大户调查问卷整理。

（二）种粮大户基本信息

由表 9-2 可知，种粮大户户均人口数为 6.54 人，户均劳动力人数为 4.51 人，户均外出务工人数为 1.38 人，户均农业生产者 2.05 人。其中，汕头的户均人口数最多，为 8.59 人；韶关的户均人口数最少为 4.89 人。汕头的户均劳动力人数也为最多，达 5.56 人，惠州的户均劳动力人数最少，为 3.70 人。户均外出务工人数最多的是湛江，为 2.13 人，最少的是清远，仅 0.91 人。而户均农业生产者人数最多的是阳江，为 2.87 人；最少的是惠州，为 1.62 人。农业生产者平均年龄为 46.01 岁，农业生产者平均受教育年限为 8.01 年。农业生产者平均年龄最大的地区是汕头，为 48.19 岁；最小的是韶关，为 43.44 岁。

表 9-2 调查地区种粮大户基本信息

	汕头	韶关	湛江	惠州	清远	阳江	总计
户均人口数	8.59	4.89	7.42	5.16	6.51	6.43	6.54
户均劳动力人数	5.56	3.81	5.45	3.70	3.97	4.52	4.51
户均外出务工人数	1.58	1.11	2.13	1.16	0.91	1.43	1.38
户均农业生产者	2.15	1.74	2.35	1.62	1.71	2.87	2.05
农业生产者平均年龄	48.19	43.44	46.01	48.71	45.46	45.11	46.01
农业生产者平均受教育年限（年）	8.02	8.47	7.91	8.30	7.00	8.46	8.01
户均水田面积（亩）	514.19	115.05	190.69	101.64	30.73	258.69	197.52
户均水田块数	146.03	137.45	71.26	50.21	74.34	187.27	108.58
块均面积	3.52	0.84	2.68	2.02	0.41	1.38	1.82

数据来源：根据 2019 年水稻生产大户调查问卷整理。

从调查的样本来看，户均水田面积为 197.52 亩，户均水田块数为 108.58 块，块均面积为 1.82 亩，相比于小户的 0.75 亩已有较大幅度的提升，韶关和清远两地的种植大户水田块均面积未超过 1 亩，总体来看大户经营的面积仍然是处于一种极度细碎化的现状。户均水田面积最大的是汕头，达 514.19 亩，因其调查样本中含有水田面积几千亩的种植大户；户均水田面积最小的是清远，为 30.73 亩。户均水田块数最多的是阳江，为 187.27 块；最小的是惠州，为 50.21 块。

（三）初始资金来源

扩大经营规模需要筹集一定的初始资金，用以租赁土地、购买农用机具以及农业物资等。在农场初始资金主要来源的调查中（表 9-3），家庭农业收入占比最多，为 73.12%，其次是民间个人贷款，占 11.29%，家庭非农收入占 10.22%，合伙人投资和金融机构贷款均占 2.15%，没有一个大户农场建立的初始资金主要来源为国家项目支持。

表 9-3　种粮大户初始资金来源

	汕头	韶关	湛江	惠州	清远	阳江	总计	
							频数	%
家庭农业收入	20	23	24	16	32	21	136	73.12
家庭非农收入	4	3	3	7	1	1	19	10.22
合伙人投资	0	1	0	1	0	2	4	2.15
国家项目支持	0	0	0	0	0	0	0	0
金融机构贷款	0	1	0	1	0	2	4	2.15
民间个人贷款	6	3	7	3	2	0	21	11.29
其他	1	0	0	1	0	0	2	1.08
总计	31	31	34	29	35	26	186	100

数据来源：根据 2019 年水稻生产大户调查问卷整理。

（四）农业生产经营中的借贷情况

如表 9-4 所示，在资金借贷情况（农业经营上）的调查中，有超过半数的农户有借贷行为（占 52.25%），无借贷行为的占 47.75%。这在一定程度上反映出种植大户资金方面比较紧缺，以至于大多数种植大户在对未来经营看法中，希望政府予以扶持和补贴。

表9-4　种粮大户是否因为农业生产经营而产生借贷

	汕头	韶关	湛江	惠州	清远	阳江	总计	
							频数	%
是	19	13	19	13	13	16	93	52.25
否	9	16	14	14	22	10	85	47.75
总计	28	29	33	27	35	26	178	100.00

数据来源：根据2019年水稻生产大户调查问卷整理。

（五）家庭收入构成

如表9-5所示，从调查样本来看，种粮大户户均总收入为143 585元，其中务工、经商总收入为43 374元，水稻生产纯收入为83 288元，非水稻种植业纯收入为14 219元，养殖业纯收入为2 704元。总收入最高的地区是汕头，达253 783元；其次是阳江，为205 816元；最低的是清远，为56 364元。

务工、经商总收入最高的是湛江，为63 412元；最低的是清远，为28 641元。水稻生产纯收入最高的是汕头，达213 185元；其次是阳江，为95 026元；最低的是韶关，为24 993元。非水稻种植业纯收入最高的是阳江，为43 059元；其次是韶关，为40 578元；汕头的户均非水稻种植业纯收入相对较少，仅为163元；而湛江的非水稻种植业纯收入为-15 359元。养殖业纯收入最高的是阳江，为20 385元，其他区域均在1 000元以下。

表9-5　各地区水稻种植大户收入差异

户均收入	汕头	韶关	湛江	惠州	清远	阳江	总计
总收入	253 783	89 877	117 424	162 735	56 364	205 816	143 585
务工、经商总收入	41 161	25 760	63 412	54 690	28 641	47 346	43 374
水稻生产纯收入	213 185	24 993	68 842	82 989	25 430	95 026	83 288
非水稻种植业纯收入	163	40 578	-15 359	24 958	1 731	43 059	14 219
养殖业纯收入	-726	-1 454	529	98	562	20 385	2 704

数据来源：根据2019年水稻生产大户调查问卷整理。

二、 经营者特征分析

（一）经营者年龄、教育年限与信息获取情况

水稻生产决策主要是由经营者决定的，因此对经营者特征进行详细的分析，是了解大户种粮行为的关键点。由表9-6可知，经营者平均年龄为48.71岁，相比于小户年轻了将近6岁，反映出相对年轻的群体正在从事大规模经营。在经营者中，年龄最小的为21岁，最大为75岁。在六个地区中，清远的水稻种植户平均年龄最小，为47.21岁，湛江的水稻种植户平均年龄最大，为50.33岁。

表9-6　经营者年龄、教育年限与信息获取情况

项目	汕头	韶关	湛江	惠州	清远	阳江	总样本
年龄（岁）							
最小值	35.00	35.00	32.00	28.00	21.00	30.00	21.00
平均值	50.12	49.45	50.33	48.67	47.21	49.24	48.71
最大值	65.00	68.00	70.00	75.00	68.00	67.00	75.00
教育年限（年）							
最小值	0.00	3.00	4.00	1.00	0.00	0.00	0.00
平均值	7.91	8.73	8.39	8.43	6.63	8.17	7.94
最大值	12.00	15.00	12.00	16.00	12.00	12.00	16.00
过去五年内参加培训累计次数							
最小值	0.00	0.00	0.00	0.00	0.00	0.00	0.00
平均值	5.15	2.58	7.30	5.90	0.77	11.00	4.79
最大值	40.00	15.00	30.00	30.00	10.00	60.00	60.00
是否会使用微信微博（%）							
是	77.42	83.87	55.88	82.76	60.00	84.62	73.12
否	22.58	16.13	44.12	17.24	40.00	15.38	26.88

数据来源：根据2019年水稻生产大户调查问卷整理。

大户的平均受教育年限为7.84年，而小户为6.46年，反映出种粮大户的文化程度更高。在所调查的经营者中，各地区经营者受教育年限为0年至16年，即大学本科水平，可能存在大学生返乡创业行为。平均受教育年限最高的是韶关地区，达到8.73年；最低的是清远，为6.63年。

参加培训累计次数和是否会使用微博反映的是经营者信息技术获取情况。参加培训次数越多，对新品种、新技术及大米市场信息了解得越多；微信微博等新媒体工具的使用一方面反映了经营主体学习能力和对新生事物的接受能力强；另一方面，通过这些媒体，经营者能够获取与水稻生产相关的信息。过去五年内大户平均累计参加培训 4.79 次，最多参加了 60 次，也有农户五年内未参加过相关培训；在各地中阳江地区的种粮大户参加的培训次数最多，达到了 11 次；清远最少，仅为0.77 次。在是否会使用微信微博的调查中，表明会使用的大户有73.12%，而小户仅为 38.57%，可见种粮大户对新事物持欢迎态度，更能接受新事物，这可能与大户平均年龄更小有直接关系。

（二）经营者性别、社会地位与户口所在地情况

由表 9-7 可知，经营者性别情况的调查中，男性经营者占比91.94%、女性经营者占比 8.06%，反映出在大户中，经营者以男性为主，但也出现了女性从事大规模水稻种植的现象，清远地区的女性经营者占比达到了 14.29%，但在湛江地区女性经营者仅占 2.94%。由于农业生产活动劳动强度大，以男性为主的性别结构符合实际的生产需要。

表 9-7 经营者性别、社会地位、户口是否在经营地

项目	汕头	韶关	湛江	惠州	清远	阳江	总样本
性别（%）							
男	93.55	90.32	97.06	89.66	85.71	96.15	91.94
女	6.45	9.68	2.94	10.34	14.29	3.85	8.06
是否村干部（%）							
是	3.23	12.90	23.53	10.34	14.29	19.23	13.98
否	96.77	87.10	76.47	89.66	85.71	80.77	86.02
户口是否在经营地（%）							
是	80.65	74.19	91.18	68.97	85.71	80.77	80.65
否	19.35	25.81	8.82	31.03	14.29	19.23	19.35

数据来源：根据 2019 年水稻生产大户调查问卷整理。

村干部是农村社区中的重要职位，他代表着一定的社会地位，如果

经营者是村干部，那么，他可能更容易租赁土地，经营面积也可能更大，同时村干部也是传统信息传播渠道下，接触信息最多、获取速度最快、最能理解国家政策的一类人群。在经营者是否是村干部的调查中，是村干部的占 13.98%，非村干部占 86.02%；其中湛江地区比例最高，达到了 23.53%；汕头地区最少，仅 3.23%。

户口是否在经营地反映的是种粮大户跨村异地经营情况，经营者的户口在经营地所在村的占 80.65%，不在经营地所在村的占 19.35%，可见不少种植户已经谋求在本村以外的地区租赁土地从事水稻生产。

（三）经营者在家种地年限、投入时间与外出务工经历

由表 9-8 可知，在家种地年限反映的是务农经验，一般而言，在家种地年限越长，对当地的气候土壤等条件越熟悉，种植经验越丰富。大户在家种地的平均年限为 19.65 年，清远地区最高，达到 22.33 年；阳江地区最低，为 14.86 年。湛江、惠州、阳江有的大户种地经验只有1 年，说明这些农户刚刚从其他行业转入农业生产。

表 9-8 经营者在家种地年限、投入时间与外出务工经历

项目	汕头	韶关	湛江	惠州	清远	阳江	总样本
在家种地年限（年）							
最小值	3.00	2.00	1.00	1.00	3.00	1.00	1.00
平均值	19.75	21.15	19.39	17.56	22.33	14.86	19.65
最大值	50.00	40.00	40.00	40.00	51.00	40.00	51.00
在外务工经商年限（年）							
最小值	0.00	0.00	0.00	0.00	0.00	0.00	0.00
平均值	4.82	5.20	5.05	3.59	1.60	5.76	4.06
最大值	30.00	25.00	33.00	40.00	13.00	20.00	40.00
年水稻生产投入时间（月）							
最小值	2.00	1.00	1.00	1.00	1.50	1.00	1.00
平均值	4.01	4.63	3.46	4.81	5.16	3.91	4.22
最大值	11.00	10.00	8.00	9.00	11.00	8.00	11.00

数据来源：根据 2019 年水稻生产大户调查问卷整理。

在农村外出务工经商现象极为普遍，外出务工一方面给农户带来了资金的积累，增加了家庭可支配收入，农户可能会有更多的资金投入水

稻生产，如购买农用机具、良种、农药、化肥等；另一方面，外出务工也使得农户的视野更为开阔，能接触到更多的市场信息，也更愿意尝试新技术。总体来看，大户平均外出务工经商年限为 4.06 年，最小为 0 年，最大为 40 年；其中阳江地区农户外出务工经商年限最长，达 5.76 年，而清远地区最短，为 1.6 年。

水稻生产投入时间反映农户在水稻生产上的实际投入时间，以及对水稻生产的重视程度，大户平均时间为 4.22 月，最少为 1 个月，最多为 11 个月；清远地区水稻生产时间投入最多，为 5.16 个月；湛江地区投入时间最少，为 3.46 个月。

三、 大户耕地特征分析

(一) 大户水田面积情况

如表 9-9 所示，在大户耕地规模调查中，水稻种植面积在 20 亩以下的占 7.53%；大于等于 20 亩小于 50 亩的最多，占 37.63%；大于等于 100 亩小于 300 亩的占 25.81%，大于等于 300 小于 500 亩的占 4.30%，500 亩及以上的占 5.91%。耕地规模不足百亩的农户超六成，反映出广东省缺少经营超大规模水田的经营大户，这与广东地区的丘陵地貌特征有关。

表 9-9 大户水田面积情况

水田面积	汕头	韶关	湛江	惠州	清远	阳江	总计	
							频数	%
20 亩以下	3	6	0	1	4	0	14	7.53
≥20 至＜50 亩	9	13	11	8	27	2	70	37.63
≥50 至＜100 亩	4	6	7	10	4	4	35	18.82
≥100 至＜300 亩	13	7	6	9	0	13	48	25.81
≥300 至＜500 亩	1	1	1	1	0	4	8	4.30
≥500 亩	4	2	2	0	0	3	11	5.91
总计	34	35	27	29	35	26	186	100

数据来源：根据 2019 年水稻生产大户调查问卷整理。

（二）耕地细碎化情况

耕地是否连片是衡量耕地细碎化的重要指标，在连片的土地上经营可以节约通勤时间，也可以方便机械作业从而节约燃油费。在土地是否连片的调查中（表9-10），60.87%的土地是不连片的，而39.13%的土地是连片的。可见大户经营的土地仍然是以分散为主。

表9-10　耕地是否连片情况

连片情况	汕头	韶关	湛江	惠州	清远	阳江	总计	
							频数	%
是	16	15	4	15	5	17	72	39.13
否	15	16	30	12	30	9	112	60.87
总计	31	31	34	27	35	26	184	100

数据来源：根据2019年水稻生产大户调查问卷整理。

由表9-11可知，每块水田面积在1～3亩的占比最高，为35.14%；其次是小于1亩的，占32.43%；每块水田面积大小在3～5亩的占13.51%，5～10亩的占10.27%，10亩以上的占8.65%。

表9-11　种植大户平均每块水田面积大小

每块水田面积	汕头	韶关	湛江	惠州	清远	阳江	总计	
							频数	%
小于1亩	2	18	0	5	26	9	60	32.43
1～3亩	5	13	15	13	8	11	65	35.14
3～5亩	3	0	17	2	0	3	25	13.51
5～10亩	12	0	1	4	1	1	19	10.27
10亩及以上	9	0	1	4	0	2	16	8.65
总计	31	31	34	28	35	26	185	100

数据来源：根据2019年水稻生产大户调查问卷整理。

（三）土地来源与土地类型

如表9-12所示，在土地来源的调查中，从其他村民租入的占比最高，为42.62%；其次是自有土地，占36.07%；村委会统一租入的占13.44%；其他村民的土地免费使用的占7.21%；国有农场租入和其他种植大户租入均占0.33%。

表 9-12　种植大户土地来源

土地来源	汕头	韶关	湛江	惠州	清远	阳江	总计	
							频数	%
村委会统一租入	19	7	7	3	1	4	41	13.44
国有农场租入	1	0	0	0	0	0	1	0.33
其他村民免费使用	2	0	3	8	7	2	22	7.21
其他村民租入	11	23	26	21	29	20	130	42.62
其他种植大户租入	1	0	0	0	0	0	1	0.33
自有土地	12	16	23	17	32	10	110	36.07
总计	46	46	59	49	69	36	305	100

数据来源：根据 2019 年水稻生产大户调查问卷整理。

注：由于该选项为多选，总计数大于种植大户数量。

　　土地类型关系着土地的租金和土地产出率，并对大户的租赁意愿和租赁行为产生影响。平地水田土壤肥力以及光热条件通常优于丘陵水田，因此产量也较高；由于平地水田方便机械化作业，因此大户更倾向于租赁平地水田而非丘陵水田。在本书中，将水田划分为平地水田和丘陵水田两类。在租赁水田的土地类型中，77.56% 的是平地水田，22.44% 的是丘陵水田（表 9-13）。

表 9-13　租赁水田的土地类型

土地类型	汕头	韶关	湛江	惠州	清远	阳江	总计	
							频数	%
平地水田	34	19	35	29	22	20	159	77.56
丘陵水田	3	12	1	3	21	6	46	22.44
总计	37	31	36	32	43	26	205	100

数据来源：根据 2019 年水稻生产大户调查问卷整理。

（四）土地租赁情况

　　1. 租金水平　土地租金的高低直接关系到种植大户的水稻生产净收益。如表 9-14 所示，在土地租金水平的调查中，租金水平在 1～299 元/亩的最多，为 40.51%；其次是租金水平 300～599 元/亩的，占

31.28%；600～899 元/亩占 14.36%；也有一部分土地租金超过
900 元，占比为 2.56%。

表 9-14　耕地租金水平

单位：元/亩

租金水平	汕头	韶关	湛江	惠州	清远	阳江	总计	
							频数	%
0	3	0	3	7	7	2	22	11.28
1～299 元	12	7	6	12	27	15	79	40.51
300～599 元	7	20	19	3	3	9	61	31.28
600～899 元	12	3	8	5	0	0	28	14.36
900 元以上	0	0	0	5	0	0	5	2.56
总计	34	30	36	32	37	26	195	100.00

数据来源：根据 2019 年水稻生产大户调查问卷整理。

2. 租赁期限　租赁期限的长短会对种粮大户的土地使用行为和农业固定资产购买行为产生影响。一般而言，土地租赁期限短，土地使用者可能会存在过度使用土地的行为，不注意保持和提高土壤肥力；不会对农田水利等基础设施进行有效的改造，也不愿意购买耕整机、收割机等大型农业固定资产。如表 9-15 所示，在土地租期的调查中，租期在 2～5 年的最多，占 46.01%，其次是 1 年以内的，占 27.16%，二者合计（即租期在五年及以内的）为 73.17%；租期为 6～10 年的占 19.25%，超过 10 年的仅为 7.58%。可见大户在租赁期限上仍是以短期租赁为主。

表 9-15　耕地租赁期限

单位：%

土地租赁期限	汕头	韶关	湛江	惠州	清远	阳江	均值
1 年及以内	23.53	10.00	16.67	37.50	67.57	7.69	27.16
2～5 年	67.65	66.67	50.00	34.38	18.92	38.46	46.01
6～10 年	5.88	16.67	22.22	18.75	13.51	38.46	19.25
10 年以上	2.94	6.67	11.11	9.38	0.00	15.38	7.58

数据来源：根据 2019 年水稻生产大户调查问卷整理。

3. 合同形式　租赁合同在土地流转中扮演着重要角色，关系着土地在流转期限内地权的稳定性。然而在实际过程中，土地租赁者和出租者对签订租赁合同的态度却是不一致的，种粮大户往往希望签订租赁合同从而将租赁期限以及租金确定下来，但是出租土地的农户由于对未来是否经营土地不确定以及期待未来土地租金会大幅上涨而不愿签订书面的租赁合同，这在小户中尤为明显。同时，也不排除一些种粮大户，因为担心未来稻谷收购价持续下调，维持同样的（或稳定增长的）地租，将会导致亏损，因此也不愿签订长期的租赁合同。如表 9 - 16 所示，在土地租赁合同形式的调查中，书面合同占比最大为 48.15%，其次是口头合同为 34.92%；无合同的占 13.23%，其他的占 3.70%。

表 9 - 16　耕地租赁合同形式

合同形式	汕头	韶关	湛江	惠州	清远	阳江	总计 频数	%
口头合同	6	9	18	8	22	3	66	34.92
书面合同	24	19	11	16	1	20	91	48.15
无合同	2	2	3	8	8	2	25	13.23
其他	1	0	1	0	5	0	7	3.70
总计	33	30	33	32	36	25	189	100

数据来源：根据 2019 年水稻生产大户调查问卷整理。

4. 租赁意愿　如表 9 - 17 所示，在土地租赁情况的调查中，选择土地租赁的占比最大，为 50.85%；其次为不确定，占比 32.77.%；其他的为不会，占比 16.38%。可见农户更偏向于将土地租赁出去，减少管理难度，农户观点如下："具体看经营如何，像近些年亏本，还收不到国家补贴，保险金也没拿到"（汕头市潮阳区和平镇，10401004）；"目前效益低，不选择耕种（汕头市潮阳区和平镇，10401031）""生活需要，收益更有保障"（韶关市始兴县城南镇，10501008）；"没能力，没时间管理土地"（韶关市始兴县顿岗镇，10501028）；"避免土地纠纷发生"（阳江市阳西县程村，12103005）。

116

表 9-17　土地确权政策下，是否更愿意租入或租出土地

项目	汕头	韶关	湛江	惠州	清远	阳江	总计	
							频数	%
是	10	16	17	11	17	19	90	50.85
不确定	13	8	14	11	7	5	58	32.77
不会	6	5	3	5	8	2	29	16.38
总计	29	29	34	27	32	26	177	100.00

数据来源：根据 2019 年水稻生产大户调查问卷整理。

如表 9-18 所示，在"如果有当地一般质量的水田，假设二年一租，您认为土地租金多少愿意租入"的调查中，有 8.69% 的种植户表示再低的价格也不租，其次是 55.98% 的种植户愿意以 1~299 元/亩的价格租入土地，21.20% 的农户愿意以 300~499 元/亩的价格租入，7.61% 的种植户以 500~799 元/亩的价格租入，2.72% 的种植户愿意以 800~999 元/亩的价格租入，而租金比较高的 1 000 元/亩及以上的占比为 1.63%。

表 9-18　如果有当地一般质量的水田，您认为土地租金多少愿意租入

单位：元/亩

土地租金	汕头	韶关	湛江	惠州	清远	阳江	总计	
							频数	%
0	1	3	0	0	0	0	4	2.17
1~299	13	12	10	15	31	22	103	55.98
300~499	7	13	15	0	1	3	39	21.20
500~799	4	2	5	3	0	0	14	7.61
800~999	0	0	0	5	0	0	5	2.72
1 000 及以上	0	0	0	3	0	0	3	1.63
再低的价格也不租	6	1	3	2	3	1	16	8.69
总计	31	31	33	28	35	26	184	100.00

数据来源：根据 2019 年水稻生产大户调查问卷整理。

在"如果有当地一般质量的水田，假设三年一租，土地租金多少愿意租出"的调查中（表 9-19），有 38.92% 的种植大户选择了再高也不

租出，大概四分之一的大户愿意租出的价格水平主要集中在 300～499 元/亩，接近 7%、9% 和 10% 的大户分别愿意以 500～799 元/亩、800～999 元/亩和 1 000 元/亩以上的价格租出土地。

表 9-19 有当地一般质量的水田，您认为土地租金多少愿意租出

单位：元/亩

土地租金	汕头	韶关	湛江	惠州	清远	阳江	总计	
							频数	%
0	0	0	0	0	1	0	1	0.60
1～299	1	2	0	2	9	3	17	10.18
300～499	5	6	9	1	10	11	42	25.15
500～799	2	2	4	2	0	1	11	6.59
800～999	3	2	2	6	2	0	15	8.98
1 000 及以上	1	1	3	10	1	0	16	9.58
再高也不租	16	13	12	4	11	9	65	38.92
总计	28	26	30	25	34	24	167	100.00

数据来源：根据 2019 年水稻生产大户调查问卷整理。

四、本章结论

本章从大户类型、农户基本信息、初始资金来源、农业生产经营中的借贷、家庭收入构成等方面重点分析了广东种粮大户的基本特征；由于经营者特征对农业生产决策有着至关重要的影响，因此本章从经营者年龄、教育年限与信息技术获取情况，经营者性别、社会地位、户口是否在经营地、经营者在家种地年限、投入时间与外出务工经历等多个方面分析了广东种粮大户的特征；最后从水田面积情况、农地细碎化情况、土地来源情况、土地租赁情况等方面分析耕地特征。本章主要得出以下结论：

（1）目前广东种粮大户类型以家庭经营为主，占比 87.10%；种粮大户户均农业劳动力为 4.51 人；农业生产者平均受教育年限 8.01 年；户均经营水田面积 197.52 亩，块均面积 1.82 亩。农户扩大经营规模的初始资金主要来源于家庭农业收入，其次是民间个人借贷，在农业生产经营中有 52.25％的农户有借贷行为。

（2）经营者平均年龄为 48.71 岁，平均受教育年限 7.94 年，过去五年内累计参加培训次数平均 4.79 次，会使用微信微博的比例达到 73.12％。在所有经营者中男性占比为 91.94％，是村干部的占 13.98％，户口在经营地的占 80.65％。经营者实际投入水稻生产的时间平均为 4.22 个月。

（3）经营面积在 20 亩以上 100 亩以下的占比超过 56％，处于适度规模经营状态。在大户经营的土地中有 39.13％的土地是连片的，大户所经营土地有 42.62％是从其他村民处直接租入的，且占比最多；在所租赁的水田中有 77.56％为平地水田；土地租赁期限在 5 年及以内的占 73.17％，有签订书面合同的占 48.15％。

第十章 广东种粮大户的种植模式、技术需求和成本收益

第九章分析了种粮大户的基本特征,本章将分别对种粮大户早、中、晚稻的种植模式、技术需求和水稻种植的成本收益情况进行分析。种植模式反映的是稻农已经掌握并投入实践的生产技术;为了推动水稻实现节本增效,本书就目前种粮大户最迫切需要的水稻种植技术进行了调查和分析;由于在通常情况下加入合作社农户能够获得先进品种和先进的管理经营技术,因此本章也将对种粮大户加入合作社情况进行分析。水稻种植收益是种粮大户家庭收入的主要来源,效益的好坏也将直接影响到未来大户的种粮意愿和种粮行为,因此本章最后分别对早中晚稻的成本收益状况进行详细的分析,以探究当前种粮大户的实际收益。

一、水稻种植模式

(一)早稻

惠州市和汕头市 29 个样本农户均种植早稻,湛江市 34 个样本农户中共有 33 户种植早稻,占比 97.06%,韶关市种植早稻农户数最少为 13 户。如表 10-1 所示,早稻中,常规稻种植面积占比 62.77%,其中惠州市常规稻占比最高,为 94.73%;其次为湛江市,占比 91.34%;常规稻种植比例较小的是汕头市,为 42.44%。优质稻种植面积占早稻总面积的 63.32%,其中占比最高的是阳江市,为 94.98%;其次为清远市,为 89.34%;占比最低的是湛江市,为 37.34%。早稻平均机耕比例达 95.80%,各地区机耕比例均超过 90%,其中韶关市机耕比例为

120

100%。机插秧已成为主要的插秧方式，占 41.27%；其次是直播，为
28.26%；抛秧比例最小，为 8.18%。其中湛江市直播比例最高，为
96.95%；韶关市抛秧比例最高，为 65.99%；清远市人工插秧比例最
高，为 44.51%；惠州市机插秧比例最高，为 59.91%。无人机喷洒农
药比例为 47.44%，其中汕头市最高，为 76.57%，清远市、韶关市最
低，均不足 0.01%。机收比例达 99.90%，其中汕头市、韶关市、阳江
市、湛江市均达到 100%。稻鸭、稻鱼等生态模式比例为 1.05%，其中
惠州市为 5.52%，阳江市为 3.2%。有机稻生产比例 3.19%，其中韶关
最高，为 29.15%。采用三控施肥技术比例为 51.97%，其中汕头市最
高，为 71.67%。

表 10 - 1　水稻种植模式（早稻）

单位：%

种植模式	惠州市	清远市	汕头市	韶关市	阳江市	湛江市	总计
常规稻比例	94.73	77.43	42.44	85.13	63.63	91.34	62.77
优质稻比例	61.03	89.34	61.05	87.07	94.98	37.34	63.32
机耕比例	98.98	94.36	96.75	100.00	94.66	92.80	95.80
直播比例	2.71	13.79	6.92	0.00	21.16	96.95	28.26
抛秧比例	18.94	41.69	0.00	65.99	22.28	0.00	8.18
人工插秧比例	18.97	44.51	39.45	34.01	0.00	0.70	21.97
机插秧比例	59.91	0.00	53.63	0.00	56.55	0.66	41.27
无人机喷洒农药比例	19.52	0.00	76.57	0.00	38.99	9.27	47.44
机收比例	99.84	83.07	100.00	100.00	100.00	100.00	99.90
稻鸭、稻鱼等生态模式比例	5.52	0.00	0.00	0.00	3.20	0.00	1.05
有机稻生产比例	1.61	16.93	3.28	29.15	1.42	0.65	3.19
采用三控施肥技术比例	43.63	10.66	71.67	46.45	41.26	22.42	51.97

数据来源：根据 2019 年水稻生产大户调查问卷整理。

（二）中稻

在 186 个样本农户中共有 34 户种植中稻，其中清远 32 户、韶关 2
户，其余地区调查到的样本农户没有种植中稻。如表 10 - 2 所示，常规
稻种植比例为 93.32%，优质稻比例为 87.13%。中稻插秧方式以抛秧

为主，占 56.73%；其次为人工插秧，占 43.95%。清远市有 3.28% 的种植面积采用无人机喷洒农药。机耕比例为 98.06%，机收比例为 85.89%。采用三控施肥的比例为 25.89%。

表 10 - 2 水稻种植模式（中稻）

单位：%

种植模式	清远市	韶关市	总计
常规稻比例	91.62	100.00	93.32
优质稻比例	93.56	61.90	87.13
机耕比例	97.57	100.00	98.06
直播比例	0.00	0.00	0.00
抛秧比例	59.41	46.19	56.73
人工插秧比例	40.59	57.14	43.95
机插秧比例	0.00	28.57	5.81
无人机喷洒农药比例	3.28	0.00	2.61
机收比例	82.30	100.00	85.89
稻鸭、稻鱼等生态模式比例	1.82	0.00	1.45
有机稻生产比例	9.15	58.99	19.28
采用三控施肥技术比例	16.71	61.90	25.89

数据来源：根据 2019 年水稻生产大户调查问卷整理。

（三）晚稻

汕头市、湛江市所有样本农户均种植晚稻。如表 10 - 3 所示，常规稻比例为 74.06%，其中惠州市最高，为 94.58%；其次是韶关市，为 93.00%；汕头市最低，为 63.24%。优质稻比例为 64.95%，机耕比例为 96.03，惠州市和韶关市达到了 100%。湛江市直播比例最高，达 95.52%；韶关市抛秧比例最高，为 69.22%；清远市人工插秧比例最高，为 70.76%；惠州市机插秧比例最高，为 59.19%。无人机喷洒农药比例为 44.45%，其中汕头市达到了 76.71%。机收比例为 98.68%，汕头市、韶关市、湛江市实现了 100% 机收。稻鸭、稻鱼等生态模式比例为 0.95%，有机稻生产比例为 3.33%。采用三控施肥技术比例为 49.72%，其中汕头市较高，达到了 71.78%。

表 10 - 3　水稻种植模式（晚稻）

单位：%

种植模式	惠州市	清远市	汕头市	韶关市	阳江市	湛江市	总计
常规稻比例	94.58	76.24	63.24	93.00	64.51	91.56	74.06
优质稻比例	61.23	90.60	63.08	62.07	97.11	37.78	64.95
机耕比例	100.00	95.30	96.77	100.00	95.57	91.57	96.03
直播比例	0.28	6.79	7.64	0.00	16.61	95.52	25.39
抛秧比例	19.07	22.45	0.00	69.22	30.37	0.00	13.75
人工插秧比例	19.60	70.76	39.27	23.95	1.25	2.00	21.66
机插秧比例	59.19	0.00	53.09	6.83	51.76	0.65	38.70
无人机喷洒农药比例	20.07	0.00	76.71	0.68	38.48	9.17	44.45
机收比例	99.64	60.31	100.00	100.00	94.73	100.00	98.68
稻鸭、稻鱼等生态模式比例	4.48	0.00	0.00	0.89	2.66	0.00	0.95
有机稻生产比例	1.53	0.00	2.58	12.30	4.43	0.64	3.33
采用三控施肥技术比例	42.74	9.40	71.78	40.88	36.63	22.07	49.72

数据来源：根据 2019 年水稻生产大户调查问卷整理。

二、 水稻种植大户对技术的需求与加入合作社情况

（一）水稻种植大户对技术的需求

在水稻生产技术需求的调查中（表 10 - 4），技术需求为优质品种的占比最大，为 27.89%；其次为高产品种技术，占比 23.74%，其他的技术为病虫害防治技术、耕作技术等。基于 27.89% 的农户选择优质品种技术，可见农户仍选择自主种植，但前提是品种优良。农户观点如下："尽可能减少污染，加入无公害化肥"（韶关市始兴县马市镇，10501004）；"需要具体的管理技术，以提高种植水平"（清远市连山县永和镇，11501026）；"人员、化肥采购等其他成本问题"（韶关市始兴县秦江镇，10501010）。

表 10-4　大户对水稻生产技术的需求

生产技术	惠州	清远	汕头	韶关	阳江	湛江	总计	
							频数	％
高产品种技术	11	16	14	13	7	19	80	23.74
优质品种	16	17	17	16	19	9	94	27.89
机械技术	5	7	9	6	2	2	31	9.20
耕作技术	6	8	3	6	7	12	42	12.46
病虫害防治技术	12	11	12	13	15		72	21.36
其他	2	3	3	6	0	4	18	5.34
总计	52	62	58	56	48	61	337	100.00

数据来源：根据 2019 年水稻生产大户调查问卷整理。

（二）加入合作社情况

水稻生产合作社能够为普通农户提供包括信息技术、参观学习场所、农机具雇用等方面的服务；满足条件的种植大户申报组建合作社，可以更好地利用国家和地方政府出台的优惠政策发展农业生产。如表 10-5 所示，在是否加入水稻种植合作社的调查中，未加入合作社占比最大，为 62.37％，加入合作社的占比为 37.63％。在一定程度上反映出，大多数种植大户认为加入水稻种植合作社对自身生产经营发挥作用不大；相反，有少部分大户觉得合作社是有一定帮助的，或许能给予他们一定的技术需求、销售渠道等。

表 10-5　是否加入水稻种植合作社

	惠州	清远	汕头	韶关	阳江	湛江	总计	
							频数	％
是	12	10	15	11	15	7	70	37.63
否	17	25	16	20	11	27	116	62.37
总计	29	35	31	31	26	34	186	100.00

数据来源：根据 2019 年水稻生产大户调查问卷整理。

在"如果是，您觉得合作社是否对您的生产经营发挥作用"的调查中（表 10－6），认为合作社对生产经营有帮助的占比为 71.43％，说明一大半的种植大户都认同合作社；而否认合作社作用的占比仅为28.57％。

表 10－6 对加入合作社和不加入合作的农户的调查情况

	惠州	清远	汕头	韶关	阳江	湛江	总计	
							频数	％
如果是，您觉得合作社是否对您的生产经营发挥作用								
是	10	8	7	8	12	5	50	71.43
否	2	2	8	3	3	2	20	28.57
总计	12	10	15	11	15	7	70	100.00
如否，是否有意愿加入或组建水稻生产合作社								
是	10	20	12	11	7	13	73	62.93
否	7	5	4	7	4	14	41	35.34
不确定	0	0	0	2	0	0	2	1.72
总计	17	25	16	20	11	27	116	100.00

数据来源：根据 2019 年水稻生产大户调查问卷整理。

在"如否，是否有意愿加入或组建水稻生产合作社"的调查中，有意愿的占比为 62.93％，而没有意愿加入或组建水稻合作社的占比为35.34％；从中得知，大部分种植大户加入或组建水稻生产合作社的意愿较强。

三、 水稻种植大户收入情况

（一）水稻种植收入

在水稻种植收入的调查中（表 10－7），水稻种植收入在 1～5 万元的最多，占 28.49％；其次是水稻种植收入在 10 万～30 万元的，占 26.88％；水稻种植收入在 5 万～10 万元的占 19.89％；30 万～50万元的占 11.29％；50 万～70 万元的占 5.38％；70 万～100 万元的占 2.69％；100 万～200 万元的占 3.23％；200 万元及以上的占 1.31％。

表 10-7   水稻种植大户的水稻种植收入分布

	汕头	韶关	湛江	惠州	清远	阳江	总计	
							频数	%
1 万元以下	0	0	1	0	0	0	1	0.54
1 万～5 万元	2	13	9	0	28	1	53	28.49
5 万～10 万元	8	5	10	5	7	2	37	19.89
10 万～30 万元	11	7	7	18	0	7	50	26.88
30 万～50 万元	2	3	4	3	0	9	21	11.29
50 万～70 万元	6	0	0	2	0	2	10	5.38
70 万～100 万元	0	2	1	0	0	2	5	2.69
100 万～200 万元	0	1	1	1	0	3	6	3.23
200 万元及以上	2	0	1	0	0	0	3	1.31
总计	31	31	34	29	35	26	186	100

数据来源：根据 2019 年水稻生产大户调查问卷整理。

（二）种植大户水稻亩均成本—收益分析

表 10-8 显示了调查地区早稻亩均成本收益情况，按包含自家工计算，平均亩成本为 1 001.41 元，其中清远市最高，为 1 334.91；其次为韶关市，为 1 146.05 元；阳江市最低，为 804.82 元。亩均总收入为 1 040.22 元，按此计算，汕头市和清远市亩均利润为负，惠州市亩均利润最高，为 225.43 元。若成本中不包括自家工，则亩均平均成本为 789.88 元，其中韶关市最高，为 963.94 元；其次是惠州市，为 877.82 元；最低的是清远市，为 672.56 元。按此计算，每亩平均利润为 250.34 元，其中清远市最高，为 540.84 元；其次是惠州市，为 347.64 元；汕头市利润为负，每亩平均亏损 10.09 元。

表 10-8   种植大户早稻亩均成本收益情况

单位：元/亩、斤*/亩

成本与收益	惠州市	清远市	汕头市	韶关市	阳江市	湛江市	总计
总成本 1	1 000.03	1 334.91	992.40	1 146.05	804.82	920.49	1 001.41
总成本 2	877.82	672.56	829.04	963.94	796.73	702.48	789.88

* 斤为非法定计量单位，1 斤＝0.5 千克。

（续）

成本与收益	惠州市	清远市	汕头市	韶关市	阳江市	湛江市	总计
物质成本	332.20	349.01	322.17	381.01	378.79	318.15	340.01
育秧成本	69.26	86.43	63.10	84.07	125.03	74.32	81.62
肥料成本	187.04	179.22	164.38	185.08	163.27	153.74	169.03
农药成本	66.00	74.14	68.75	102.50	73.27	64.16	71.17
除草剂成本	9.89	9.23	25.93	9.36	17.21	25.93	18.19
其他成本	24.02	41.44	39.18	36.62	79.81	54.70	47.06
人工成本	206.81	770.91	328.47	393.57	169.11	250.82	323.07
工日	1.79	5.40	1.65	3.89	1.58	1.97	2.41
雇佣劳动力成本	84.60	108.56	165.11	211.46	161.02	27.37	109.66
短工成本	62.41	108.56	160.08	182.62	84.10	26.61	90.10
长工成本	22.18	0.00	5.02	28.83	76.92	0.76	19.56
雇佣机械服务成本	160.65	61.82	117.53	150.00	46.19	97.76	104.33
耕整	57.90	0.00	35.28	77.86	8.15	29.57	32.52
机插	29.56	0.00	6.56	0.00	4.63	7.17	9.19
打药	9.80	0.00	13.28	0.00	13.78	0.00	6.40
收割	63.39	61.82	62.41	72.14	19.63	61.02	56.21
土地租金	276.35	111.73	185.06	184.86	130.93	204.50	188.82
总收入	1 225.46	1 213.41	818.95	1 253.24	933.52	984.26	1 040.22
单产	741.90	736.36	775.28	810.31	680.93	825.71	765.81
利润1	225.43	−121.50	−173.46	107.19	128.70	63.78	38.80
利润2	347.64	540.84	−10.09	289.30	136.79	281.78	250.34

数据来源：根据2019年水稻生产大户调查问卷整理。

注：总成本1＝物质成本＋其他成本＋人工成本＋雇佣机械服务成本＋土地租金；总成本2＝物质成本＋其他成本＋雇佣劳动力成本＋雇佣服务成本＋土地租金；其中人工成本包含自家工与雇佣劳动力成本。其他成本包括水费、燃料费、运输费等。利润1＝总收入－总成本1，利润2＝总收入－总成本2。

从各地平均来看，各项成本中物质成本支出最高，为340.01元/亩，其中韶关市物质成本最高，为381.01元/亩；其次是人工成本，为323.07元/亩，清远市人工成本最高，为770.91元/亩。从各地区分别来看，成本支出最多的部分有所不同，惠州市、阳江市、湛江市以物质

成本为主，清远市以人工成本为主。平均每亩雇佣劳动力成本为
109.66元/亩，其中韶关市雇佣劳动力成本最高，为211.46元/亩、其
次是汕头市，为165.11元/亩。平均每亩雇佣机械服务成本为104.33
元/亩，其中惠州市雇佣机械服务成本最高，为160.65元/亩，其次是
韶关市，为150元/亩。收割是雇佣机械服务的首要组成部分，占雇佣
机械服务的56.21%。清远市在耕整、机插、打药环节没有产生雇佣机
械服务，韶关市在机插和打药环节未产生雇佣机械服务，湛江市在打药
环节未产生雇佣机械服务。各地区平均租金为188.82元/亩，其中惠州
市最高，为276.35元/亩；其次是湛江市，为204.50元/亩。每亩平均
总收入为1 040.22元，其中韶关市收入最高，为1 253.24元/亩；其次
是惠州市，为1 225.46元/亩；汕头市收益最低，为818.95元/亩。早
稻平均单产为765.81斤，其中湛江市单产最高，为825.71斤；其次是
韶关市，为810.31斤；单产最低的是阳江市，为680.93斤。

由表10-9可知，本次调查访问到的种植大户中，只有清远市和韶
关市的农户种植了中稻。按包含自家工计算，中稻平均成本为
1 288.70元/亩，其中清远市为1 297.25元/亩，韶关市为1 157.87元/亩；
亩均利润为-63.61元，其中清远市利润为-90.12元，韶关市利润为
360.45元。若不计算自家工则亩均成本为658.49元，其中清远市为632.22
元，韶关市为1 078.87元，亩均利润分别为574.91元和433.45元。

表10-9　种植大户中稻亩均成本收益情况

单位：元/亩、斤/亩

	清远市	韶关市	总计
总成本1	1 297.25	1 151.87	1 288.70
总成本2	632.22	1 078.87	658.49
物质成本	304.29	430.86	311.74
育秧成本	52.40	63.87	53.07
肥料成本	168.86	347.75	179.38
农药成本	76.37	11.54	72.55
除草剂成本	6.66	7.70	6.72

（续）

	清远市	韶关市	总计
其他成本	44.84	31.02	44.03
人工成本	722.97	395.00	703.68
工日	5.67	4.00	5.57
雇佣劳动力成本	57.94	322.00	73.48
短工成本	57.94	322.00	73.48
长工成本	0.00	0.00	0.00
雇佣机械服务成本	97.55	220.00	104.75
耕整	7.81	115.00	14.12
机插	0.00	0.00	0.00
打药	0.00	0.00	0.00
收割	89.74	105.00	90.64
土地租金	127.59	75.00	124.50
总收入	1 207.13	1 512.32	1 225.08
单产	650.44	557.70	644.99
利润 1	−90.12	360.45	−63.61
利润 2	574.91	433.45	566.59

数据来源：根据 2019 年水稻生产大户调查问卷整理。

注：总成本 1＝物质成本＋其他成本＋人工成本＋雇佣机械服务成本＋土地租金；总成本 2＝物质成本＋其他成本＋雇佣劳动力成本＋雇佣服务成本＋土地租金；其中人工成本包含自家工与雇佣劳动力成本。其他成本包括水费、燃料费、运输费等。利润 1＝总收入−总成本 1，利润 2＝总收入−总成本 2。

表 10-10 显示了调查地区晚稻亩均成本收益情况。按包含自家工计算，亩均成本为 1 008.16 元，其中清远市最高，为 1 356.70 元；其次是韶关市，为 1 160.76 元。亩平均利润为 150.18 元，其中韶关市利润最高，为 495.76 元；其次是惠州市，为 400.50 元；清远市和汕头市利润为负。按不包含自家工算，亩均成本为 810.10 元，其中韶关市亩均成本最高，为 1 019.81 元；其次是惠州市，为 865.73 元。如不包含自家工投入，亩均利润为 348.24 元，其中韶关市利润最高，为 636.71 元；其次是惠州市，为 518.48 元；汕头市利润最低，为 94.66 元。各项成本中，支出最多的是物质成本，为每亩 344.68 元；

其次是人工成本，为 313.75 元/亩。阳江市物质成本最高，为 381.13
元/亩；其次是韶关市，为 371.36 元/亩。肥料是物质成本的主要来源，
亩均肥料成本为 172.56 元。亩均其他成本为 46.45 元，其中阳江市其他
成本最高，为 70.29 元/亩，其原因是农户使用自己机器进行耕整和收割，
燃料费比其他地区多。清远市亩均人工成本最高，为 770.95 元，其次是
韶关市，为 362.97 元。亩均雇佣劳动力成本为 114.05 元，雇佣机械服务
成本为 114.28 元。收割是雇佣机械服务成本的主要来源，韶关市雇佣机
械服务成本最高，为 171.38 元/亩；其次是惠州，为 158.24 元/亩。在各
地区中韶关市亩均耕整、收割成本最高，分别为 81.03 元、86.21 元，可
能与其土地细碎化程度、土地集中程度有关。每亩平均租金为 190.64 元，
其中惠州市土地租金最高为，为 257.91 元/亩；其次是韶关市，为
211.62 元/亩。晚稻单产为 708.30 斤，单产最高的是韶关市，为 807.01
斤；其次是湛江市，为 731.61 斤；阳江市单产最低，为 602.66 斤。

表 10 - 10　种植大户晚稻亩均成本收益情况

单位：元/亩、斤/亩

	惠州市	清远市	汕头市	韶关市	阳江市	湛江市	总计
总成本 1	983.71	1 356.70	989.30	1 160.76	832.98	894.35	1 008.16
总成本 2	865.73	618.53	834.20	1 019.81	815.35	689.69	810.10
物质成本	338.71	359.62	319.72	371.36	381.13	315.37	344.68
育秧成本	76.79	75.94	64.29	61.82	131.04	74.05	80.70
肥料成本	184.41	190.99	157.64	206.35	161.50	150.42	172.56
农药成本	65.71	83.39	73.68	92.52	70.94	66.05	74.09
除草剂成本	11.81	9.31	24.12	10.67	17.65	24.85	17.33
其他成本	24.55	46.54	40.34	43.44	70.29	53.14	46.45
人工成本	204.29	770.95	312.59	362.97	178.22	240.50	313.75
工日	1.85	5.34	1.59	3.61	1.61	1.91	2.43
雇佣劳动力成本	86.31	32.78	157.49	222.01	160.59	29.98	114.05
短工成本	66.09	32.78	149.58	208.09	82.57	29.13	93.68
长工成本	20.23	0.00	7.91	13.92	78.03	0.85	20.38
雇佣机械服务成本	158.24	53.49	127.03	171.38	64.13	97.13	114.28

（续）

	惠州市	清远市	汕头市	韶关市	阳江市	湛江市	总计
耕整	58.68	0.00	42.76	81.03	19.69	35.12	41.20
机插	26.96	0.00	7.94	0.00	4.38	2.68	7.52
打药	8.93	0.00	14.26	4.14	13.50	0.00	7.02
收割	63.68	53.49	62.06	86.21	26.56	59.33	58.54
土地租金	257.91	126.10	189.62	211.62	139.22	194.07	190.64
总收入	1 384.21	1 091.69	928.86	1 656.52	1 069.82	912.19	1 158.34
单产	721.64	632.52	728.88	807.01	602.66	731.61	708.30
利润1	400.50	−265.01	−60.44	495.76	236.85	17.85	150.18
利润2	518.48	473.16	94.66	636.71	254.47	222.50	348.24

数据来源：根据 2019 年水稻生产大户调查问卷整理。

注：总成本 1＝物质成本＋其他成本＋人工成本＋雇佣机械服务成本＋土地租金；总成本 2＝物质成本＋其他成本＋雇佣劳动力成本＋雇佣服务成本＋土地租金；其中人工成本包含自家工与雇佣劳动力成本。其他成本包括水费、燃料费、运输费等。利润 1＝总收入－总成本 1，利润 2＝总收入－总成本 2。

四、　本章结论

本章分析了广东种粮大户的种植模式、技术需求和成本收益状况，结论如下：

（1）在 186 户农户中有 148 个农户种植早稻，占 79.57％；有 34 户种植中稻，占 18.27％，主要来自清远；有 169 户种植晚稻，占 90.86％。在早稻中常规稻比例为 62.77％，优质稻比例为 63.32％，晚稻中常规稻和优质稻比例分别为 74.06％、64.95％；机耕机收达到了较高水平，除中稻机收比例没有达到 90％以外，早晚稻机耕机收比例都超过了 95％，中稻机耕比例也超过了 98％。稻鸭、稻鱼等生态模式在早中晚稻中均没有得到有效的推广使用。三控施肥技术的推广取得了一定的效果，在早晚稻中有 50％左右的种植大户会采用这种技术。

（2）种粮大户目前最需要的是优质品种技术，其次是高产品种技术，表明当前广东农户相对于高产品种，更看重优质品种。合作社是农户获取市场信息和学习先进技术的重要媒介，目前加入合作社的比例为37.63%，未来还有很大的提升空间。

（3）广东省种粮大户的亩均水稻种植收入区间在1万~5万元的最多，占28.49%；也有少部分农户水稻生产收入达到100万元/亩及以上，占比约为4.54%。在不考虑自家工成本的前提下，早稻的亩均利润为250.34元，中稻为566.59元，晚稻为348.24元；而当考虑自家工成本后对应亩均利润分别下降为38.80元、-63.61元、150.18元。

第十一章　广东种粮大户对当前水稻
生产及产业前景的认知

为进一步了解广东种粮大户的种粮行为和未来的种粮意愿，本章将首先分析种粮大户对大米市场的认知，农户对"优质优价"的认知水平将决定着他是否会种植优质品种，而对生产效益的认知，很大程度上会影响着未来的种粮行为。对水稻生产风险的认知和农业保险购买的行为有着直接关系，种粮大户经营的面积大，遭受重大灾害会产生毁灭性的打击，因此，本章也分析了农户风险认知和保险购买行为。此外，农户在生产过程中总会面临各种各样的问题，并对未来种粮行为产生影响，故本章还将分析目前广东种粮大户面临的一些具体问题。

一、 种粮大户对大米市场的认知

（一）对大米市场"优质优价"的认知

表 11-1 显示了农户对当前大米市场是否能够实现优质优价的态度。有 60.21% 的农户认为能实现优质优价，其中惠州市有 24 户农民认为当前大米市场能够实现优质优价，占比最高，为 21.43%。

表 11-1　您认为当前大米市场是否能够实现优质优价

	惠州市	清远市	汕头市	韶关市	阳江市	湛江市	总计	
							频数	%
是	24	20	20	17	18	13	112	60.21
否	1	7	6	8	3	10	35	18.82
不清楚	4	8	5	6	5	11	39	20.97
合计	29	35	31	31	26	34	186	100.00

数据来源：根据 2019 年水稻生产大户调查问卷整理。

（二）对水稻生产效益的认知

表 11-2 显示了农户对当前水稻生产效益的评价。平均有 58.06% 的农户认为当前水稻生产效益一般。有 25.27% 的农户认为当前生产效益较差。仅有 16.67% 的农户认为当前生产效益很好。惠州市有 8 户农民认为当前水稻生产效益很好，占 27.59%，是各地区中占比最高的。汕头市有 30 户农民认为水稻生产效益一般或较差，占 96.77%，可能与当地遭受干旱、台风等自然灾害及稻谷收购价较低有直接关系。阳江市的农户同样因为受台风等自然灾害的影响减产比例高，农户收益受影响大，有 24 户农民认为水稻生产效益一般或较差，占比 92.31%。

表 11-2　您觉得当前水稻生产效益如何

效益	惠州市	清远市	汕头市	韶关市	阳江市	湛江市	总计	
							频数	%
很好	8	7	1	7	2	6	31	16.67
一般	17	18	20	16	18	19	108	58.06
较差	4	10	10	8	6	9	47	25.27
合计	29	35	31	31	26	34	186	100.00

数据来源：根据 2019 年水稻生产大户调查问卷整理。

表 11-3 反映的是农户觉得水稻生产效益一般或较差的主要原因。有 32.21% 的农户认为粮食价格低是主要原因，占比最高。24.34% 的人认为主要是其他原因导致的，根据农户语言整理其他原因主要有气候条件变化（主要是受台风影响）以及人工成本高等方面。18.73% 的农户认为农资价格高是种粮效益一般或较差是主要原因。

表 11-3　种植大户觉得种粮效益一般或较差的主要原因

原因	惠州市	清远市	汕头市	韶关市	阳江市	湛江市	总计	
							频数	%
粮食价格低	12	12	13	15	14	20	86	32.21
农资价格高	4	9	7	8	10	12	50	18.73
土地规模小	0	2	0	2	5	2	11	4.12

（续）

原因	惠州市	清远市	汕头市	韶关市	阳江市	湛江市	总计	
							频数	％
土地太分散	3	1	2	0	5	6	17	6.37
机械使用率低	1	0	2	0	5	1	9	3.37
品种差	2	0	0	2	2	2	8	3.00
管理水平跟不上	1	1	1	1	3	3	10	3.75
基础设施太差	1	0	0	1	5	4	11	4.12
其他	6	16	23	10	5	5	65	24.34
合计	30	41	48	39	54	55	267	100.00

数据来源：根据 2019 年水稻生产大户调查问卷整理。

二、 种粮大户对风险的认知与保险购买行为

（一）对风险的认知

表 11-4 显示了调查地区样本农户对水稻生产风险的评价。有 46.24％的农户认为水稻生产风险高，其中汕头市有 28 户农民认为水稻生产风险高，占当地农户的 90.32％。有 34.41％的农户认为水稻生产风险一般。韶关市有 17 户农民认为风险较低，占比 54.84％。

表 11-4 种粮大户对水稻生产风险的认知

对风险认识	惠州市	清远市	汕头市	韶关市	阳江市	湛江市	总计	
							频数	％
高	8	14	28	6	18	12	86	46.24
一般	16	11	3	8	8	18	64	34.41
较低	5	10	0	17	0	4	36	19.35
合计	29	35	31	31	26	34	186	100.00

数据来源：根据 2019 年水稻生产大户调查问卷整理。

（二）保险购买行为

表 11-5 显示了调查地区样本农户 2018 年购买水稻生产政策性保险情况，有近 70％的农户购买了水稻生产政策保险，其中清远市有 32

户农民购买了政策性保险，占比 91.43％。约 30％的农户没有购买政策性保险，其中韶关市有 17 户没有购买政策性保险，占比 54.84％。

表 11-5　2018 年种粮大户是否购买水稻生产政策性保险

| | 惠州市 | 清远市 | 汕头市 | 韶关市 | 阳江市 | 湛江市 | 总计 | |
							频数	％
是	15	32	25	14	20	24	130	69.89
否	14	3	6	17	6	10	56	30.11
合计	29	35	31	31	26	34	186	100.00

数据来源：根据 2019 年水稻生产大户调查问卷整理。

　　表 11-6 显示了 2018 年未购买水稻生产政策性保险的农户未来购买的意愿情况。39.29％的农户表示未来将购买政策保险，阳江市和汕头市 2018 年受自然灾害影响较大，购买保险的意愿增强，其中阳江市 2018 年未购买政策性保险的农户有 83.33％表示愿意购买，汕头市则为 66.67％。

表 11-6　种粮大户如果没有购买政策保险，未来是否愿意购买

| | 惠州市 | 清远市 | 汕头市 | 韶关市 | 阳江市 | 湛江市 | 总计 | |
							频数	％
是	9	0	4	4	5	0	22	39.29
否	2	2	2	5	1	7	19	33.93
不确定	3	1	0	8	0	3	15	26.78
合计	14	3	6	17	6	10	56	100.00

数据来源：根据 2019 年水稻生产大户调查问卷整理。

三、 种粮大户面临的问题与对未来的看法

（一）种粮大户当前面临的问题

　　如表 11-7 所示，在水稻生产限制因素的调查中，主要问题为人工成本太高，占比 15.54％，其他为土地分散，地块小、经济效益低、技术跟不上等。农户观点如下："农田土壤不好，常常耕同一品种，病虫

害严重"（清远市连山县永和镇，11501001）；"无生产指导，如肥料以及农药的使用量等"（汕头市潮阳区和平镇，10401012）；"天气影响最终收成"（汕头市潮阳区西胪镇，10401029）；"政府没有水稻生产补贴"（惠州市惠城区横沥镇，11101004）；"人口老龄化，机械化程度低，土地分散不够平整"（惠州市龙门县龙江镇，11102008）；"终端市场零售价太低，愿意生产水稻人数大大减少"（韶关市始兴县澄江镇，10501003）。

表 11-7　种粮大户认为当前水稻生产主要限制因素

主要限制因素	惠州	清远	汕头	韶关	阳江	湛江	总计	
							频数	％
土地分散，地块小	9	7	5	2	4	10	37	12.50
难以租到土地	2	2	3	3	3	3	16	5.41
租金太高	4	1	3	8	3	4	23	7.77
资金缺乏	2	2	2	0	3	6	15	5.07
技术跟不上	3	5	6	5	3	6	28	9.46
人工成本太高	11	8	8	10	7	2	46	15.54
灌溉设施差	5	1	2	3	5	7	23	7.77
经济效益低	5	9	6	8	7	6	41	13.85
其他	7	18	17	15	3	7	67	22.64
总计	48	53	52	54	38	51	296	100.00

数据来源：根据 2019 年水稻生产大户调查问卷整理。

由表 11-8 可知，在当前水稻生产经营面临的主要问题调查中，认为当前水稻生产成本高的占比最大，为 23.53％，韶关区域农户面临的居多；其次是自然风险问题，病虫灾害多占比为 20.00％；产量低，收益低的占比为 14.71％；土壤质量差，光照不足、资金紧张的占比均为 7.06％；租金贵的占比为 5.88％；种植大户选择无烘干机为主要问题的占比为 5.29％；而租地困难的占比为 4.12％，水稻保险没保障的占比为 3.53％。

表 11 - 8　种粮大户认为当前水稻生产经营面临的主要问题

主要问题	惠州	清远	汕头	韶关	阳江	湛江	总计	
							频数	%
土壤质量差，光照不足	2	3	1	2	2	2	12	7.06
生产成本高	6	5	6	10	7	6	40	23.53
自然风险问题，病虫灾害多	6	4	10	1	5	8	34	20.00
租金贵	2	0	5	2	1	0	10	5.88
资金紧张	2	1	5	1	1	2	12	7.06
水稻保险没保障	0	1	4	0	0	1	6	3.53
无烘干机	1	1	2	1	4	0	9	5.29
土地分散，难管理	2	2	1	2	1	2	10	5.88
产量低，收益低	2	5	6	6	1	5	25	14.71
租地困难	1	0	2	0	2	2	7	4.12
农户没保护意识，乱投放化肥用量，造成污染	2	1	0	1	1	0	5	2.94
总计	26	23	42	26	25	28	170	100.00

数据来源：根据 2019 年水稻生产大户调查问卷整理。

（二）种粮大户对未来经营水稻的看法

由表 11 - 9 可知，在对未来经营水稻的看法调查中，认为当前水稻前景好的，愿意继续种植的占比最大，为 36.76%；其次为要看政策、资金扶持和专家指导的，占比为 15.14%。在水稻供给方面，由于严重过剩，从而导致价格下降，从数据中看出，水稻市场价格上涨，收益多的占比为 7.02%，而价格下跌、收益少占比为 3.24%。由于市场严重过剩，从而引发市面上多少也会有质量较差的水稻，促使水稻价格普遍低，相反种植优质稻的农户可以凭借自身水稻的优势，以此实现优质优价，对此，优质稻前景好，实现优质优价的观点占比为 5.95%，也可以看出当中有一定的种植大户已经着手种植优质稻来获取更高的收益。以及有 11.89% 的种植水稻大户想扩大经营规模，但由于土地政策的因素，存在一定的阻碍。最后，还是有少部分的种植大户希望鼓励年轻人一起种地，占比为 2.16%。农户的观点如下："希望政府能够多扶持，多请专家来指导"（广东省汕头市潮阳区关埠镇玉一村，10401003）；"销售价格较低"（广东省汕头市潮阳区和平镇练北村，10401017）；"认为前景不好，没有意愿继续种下去"（广东省汕头市潮阳区关埠镇丰饶村，10401025）；"认为前景挺好的，愿意继续种植"（广东省汕头市潮阳区和平镇下寨村，10401028）；"政府多扶持种植大户、环保绿色"（广东省韶关市始兴县罗坝镇燎原村，10501030）；"希望年轻人可以种地，我们这一辈已经老了，没力气了"（广东省汕头市潮阳区和平村镇下厝村，10401020）；"选择优质品种，按无公害、绿色农产品的要求种植，全程机械化作业，树立自己的品牌，利用本地特色，推广自己品牌的优质大米"（广东省阳江市阳西县儒洞镇边海村，12103001）；"种植更多优质品种，发展多元产业"（清远市连山县永和镇上草村，11501011）。

表 11 - 9　种粮大户对未来经营水稻的看法

不同看法	惠州	清远	汕头	韶关	阳江	湛江	总计	
							频数	%
要看政策、资金扶持和专家指导	6	4	5	6	2	5	28	15.14
水稻市场价格上涨，收益多	1	4	1	4	0	3	13	7.02
水稻市场价格下跌，收益少	1	0	3	0	1	1	6	3.24
优质稻前景好，实现优质优价	2	2	1	2	4	0	11	5.95
扩大经营规模	5	0	4	3	6	4	22	11.89
鼓励年轻人种地	0	1	2	1	0	0	4	2.16
认为当前水稻前景不好，不愿继续种植	1	3	5	2	1	1	13	7.02
认为当前水稻前景好，愿意继续种植	13	17	10	12	11	5	68	36.76
无	0	4	0	1	1	14	20	10.82
总计	29	35	31	31	26	33	185	100.00

数据来源：根据 2019 年水稻生产大户调查问卷整理。

四、 本章结论

通过以上分析，本章主要结论如下：

（1）有超过 60％的农户认为，大米市场能够实现优质优价，这与广东近年来农户越来越倾向于种植优质稻的情况是一致的；在谈及水稻生产效益时，58％的农户表示当前水稻生产效益处于一般水平，仅有 16.67％的农户认为当前水稻生产效益很好。

（2）有 46.24％的农户认为当前水稻生产风险高，而认为风险较低的仅 19.35％，可见大部分农户认为生产水稻面临着较大的风险；在调查中有接近 70％的农户表示 2018 年购买过水稻生产政策性保险，30.11％的农户表示没有购买过。

（3）主要有人工成本高、经济效益差、土地细碎化以及其他等问题；同时在水稻种植中也面临着众多问题，例如生产成本高、自然风险问题、收益低等。尽管仅有 16.67％的农户认为当前水稻生产效益很好，但是在对未来经营水稻的看法上，仍有 36.76％的农户表示愿意继续种植。

第十二章 广东种粮大户
机械化及发展前景

农业机械化生产，有利于降低劳动强度，提高粮食生产效率，适用于水稻生产中各个环节。我国水稻生产在耕整和收割环节水平较高，但在种植、管理、烘干等环节水平较低。2016 年机耕水平达 99.31%，机收水平达 87.11%，但种植机械化水平仅 44.45%，是水稻机械化生产的瓶颈之一。尽管现有文献相当丰富，但针对广东种粮大户机械化生产的研究较少。随着土地流转的不断推进，种植大户等经营主体已成为广东农业发展的重要力量。广东粮食供给以稻谷为主，占比超过 70%，是全国最大的粮食主销区，又是缺粮大省，粮食自给率仅为 32%，粮食供求矛盾突出。当前广东农村劳动力大量转移，土地流转加快，种粮大户不断涌现，因此研究种粮大户机械化生产现状，对提高广东省粮食产量、保障粮食安全、实现农业现代化具有重要意义。因此本章将分析广东种粮大户的固定资产拥有情况、机械化使用情况、发展机械化经营的有利条件与限制因素、未来发展趋势等内容。

一、 农业固定资产拥有情况

（一）种粮大户累计固定资产投入

在累计固定资产投入的调查中（表 12-1），累计固定资产投入在 1 万元及以下的占比最多达 36.61%；其次是累计固定资产投入在 1 万~10 万元的，占 32.79%；累计固定资产投入 10 万~30 万元的为 18.58%，30 万~50 万元的为 4.37%，50 万~100 万元的为 3.83%，100 万~200 万元的为 2.73%，200 万元以上的为 1.09%。

表 12-1　种粮大户累计固定资产投入

单位：户

投入额	汕头	韶关	湛江	惠州	清远	阳江	总计	
							频数	%
1 万元及以下	11	11	18	7	18	2	67	36.61
1 万～10 万元	13	9	10	8	16	4	60	32.79
10 万～30 万元	4	6	5	9	1	9	34	18.58
30 万～50 万元	0	3	1	2	0	2	8	4.37
50 万～100 万元	1	1	0	1	0	4	7	3.83
100 万～200 万元	0	0	0	0	0	0	5	2.73
200 万元以上	2	0	0	0	0	0	2	1.09
总计	31	30	34	27	35	21	183	100

数据来源：根据 2019 年水稻生产大户调查问卷整理。

（二）种粮大户机械拥有比例

如表 12-2 所示，在调查的样本中，插秧机的拥有比例为 14.11%，耕整机的拥有比例为 24.73%，收割机的拥有比例为 23.66%。其中，阳江的水稻种植大户拥有插秧机的比例最高，达到了 62.50%；其次是惠州，为 38.10%；汕头、韶关、清远这三个地区的插秧机拥有比例相对较少；在调查的样本中，清远的水稻种植大户没有插秧机。耕整机拥有比例最高的也是阳江，达 65.38%，其次是湛江，为 29.41%，韶关和清远拥有耕整机的比例相对较少，分别为 12.90% 和 8.57%。拥有收割机比例最高的地区是阳江，为 53.85%，其次是惠州，为 31.03%；湛江和汕头拥有收割机的比例相对较少，分别为 11.76% 和 6.45%。

表 12-2　种粮大户调查地区机械拥有比例

单位：%

机械	汕头	韶关	湛江	惠州	清远	阳江	总计
插秧机	10.71	3.33	3.03	38.10	0.00	62.50	14.11
耕整机	19.35	12.90	29.41	20.69	8.57	65.38	24.73
收割机	6.45	19.35	11.76	31.03	25.71	53.85	23.66
农用拖拉机	70.97	64.52	41.18	68.97	97.14	88.46	71.51

（续）

机械	汕头	韶关	湛江	惠州	清远	阳江	总计
农用汽车	29.03	19.35	11.76	34.48	2.86	38.46	21.51
机动喷雾器	38.71	51.61	23.53	55.17	51.43	84.62	49.46
无人喷药机	6.45	0.00	0.00	3.45	2.86	3.85	2.69
烘干机	6.45	0.00	0.00	0.00	0.00	30.77	5.38
碾米机	3.23	0.00	0.00	3.45	5.71	3.85	2.69

数据来源：根据 2019 年水稻生产大户调查问卷整理。

在调查的样本中，农用拖拉机的拥有比例为 71.51%，农用汽车拥有比例为 21.51%，机动喷雾器拥有比例为 49.46%。各地区的农用拖拉机拥有比例普遍较高，其中清远拥有农用拖拉机的比例高达 97.14%，其次是阳江，为 88.46%；除湛江农用拖拉机的拥有比例为 41.18% 外，其他地区农用拖拉机的拥有比例均在 60% 以上。农用汽车拥有比例最高的是阳江，为 38.46%，其次是惠州，为 34.48%，最小的是清远，农用汽车拥有比例仅为 2.86%。韶关、惠州、清远、阳江四个地区的机动喷雾器拥有比例均在 50% 以上，其中，阳江所拥有的比例高达 84.62%；汕头、湛江的机动喷雾器拥有比例相对较小，分别为 38.71% 和 23.53%。

在调查的样本中，总体上无人喷药机、烘干机、碾米机拥有比例较小，分别为 2.69%、5.38% 和 2.69%。无人喷药机的拥有比例除了汕头的 6.45% 外，其他地区的拥有比例均在 5% 以下，且在调查的样本中，韶关、湛江两个地区没有无人喷药机。烘干机的拥有比例除阳江的 30.77% 和汕头的 6.45% 外，其他四个地区的烘干机拥有量为 0。各地区碾米机的拥有比例普遍较小，调查的样本中，韶关和湛江没有碾米机。

二、机械化使用情况

（一）水稻生产环节机械化应用情况

水稻生产环节机械化应用情况如表 12 - 3 所示，总体来看，机收比例＞机耕比例＞无人机喷洒农药比例＞机插秧比例。按播种面积计算，平均机耕和机收比例超过了 96%，韶关地区机耕比例达到了 100%；汕头、韶关、湛江地区机收比例均达到了 100%；机耕比例较低的是湛江地区，为 92.18%；机收比例最低的是清远地区，仅为 78.82%。

从调查结果来看，广东水稻机械化插秧比例为 39.38%，远低于机械化耕整、收割的比例。无人机喷洒农药虽起步晚，但近年来，在相关政策扶持下取得了较快发展，但不同区域差异较大。广东水稻无人机喷洒农药的比例平均为 45.23%。汕头、惠州、阳江等地已基本达到 20% 及以上水平。汕头市无人机喷洒农药的比例最高，超过了 76%。

表 12-3　种粮大户水稻生产环节机械化应用情况

单位:%

生产环节机械化	汕头	韶关	湛江	惠州	清远	阳江	均值
机耕比例	99.04	100.00	92.18	99.52	96.76	95.16	96.98
机插秧比例	53.44	6.24	0.65	58.88	0.00	53.93	39.38
无人机喷洒农药比例	76.71	0.48	9.22	19.58	2.30	38.71	45.23
机收比例	100.00	100.00	100.00	99.74	78.82	97.12	99.05

　　注：由于各地区总播面差异较大，为更准确地反映广东省水稻生产机械化的总体水平，表 12-3、表 12-4 的均值项，是以播面为权重计算的加权平均值；根据地区总播面大小分别赋予汕头、韶关、湛江、惠州、清远、阳江，0.45、0.06、0.20、0.08、0.02、0.19 的权重。

（二）水稻产后环节机械化应用情况

调查地区水稻产后环节机械化应用情况如表 12-4 所示，各地平均加工比例为 4.02%，烘干比例为 47.89%。惠州的稻谷加工比例为 15.98%，是各地区中最高的；韶关、湛江、清远地区的种粮大户没有对稻谷进行加工。汕头市和阳江地区的种粮大户对稻谷进行烘干的比例均超过了 68%，湛江地区的种粮大户还没有采用烘干机进行烘干。总体来看，种粮大户产后加工环节薄弱，在烘干环节取得了较大进展，产后环节应对不良天气的能力有所增强。

表 12 - 4 种粮大户水稻产后机械化应用情况

单位：%

产后环节机械化	汕头	韶关	湛江	惠州	清远	阳江	均值
加工比例	5.67	0.00	0.00	15.98	0.00	1.25	4.02
烘干比例	68.40	23.27	0.00	18.79	1.51	74.51	47.89

数据来源：根据 2019 年水稻生产大户调查问卷整理。

三、 发展机械化经营的有利条件与限制因素

（一）机械化的有利条件

1. 政策支持方面 近年来，我国政府高度重视农业机械化的发展，出台了一系列相关政策，安排配套资金，支持农业机械化发展。2016 年原农业部印发《全国农业机械化发展第十三个五年规划》，2018 年国务院印发《国务院关于加快推进农业机械化和农机装备产业转型升级的指导意见》；广东省农业农村厅印发《广东省 2019 年农业机械化工作要点》《2019 年广东省农业机械化培训工作实施方案》，这些政策文件对广东农业机械化的发展具有重要的指导意义。同时，广东省政府、各市县区政府还通过举办农业科技、放心农资、农业机械"三下乡"活动，召开农机推广现场会等形式积极推动农业机械化发展。

2. 人才培养方面 自 2016 年以来，广东省每年培训市县农机管理干部、推广骨干、质量监督、维修服务人员超 2 000 人次，市县相关单位通过开展农机驾驶、维修、操作和新型职业农民农机手、农机合作社带头人等培训，培训农民超 4 万人次。农业培训为广东水稻生产机械化的发展提供了大量的人才支持。

3. 农技服务市场方面 以农机合作社、植保公司、现代农业公司等为代表的农业社会化服务组织的出现，给中小规模的农户采用机械化方式生产水稻提供了更好的选择，农民可以通过购买雇佣服务的形式实现水稻机械化生产。目前在耕整和收割环节，种粮大户已普遍接受了通过购买雇佣服务的形式完成相应的农业生产活动。喷药环节，无人机喷

洒农药的方式得到快速发展，其原因在于：一是无人机喷洒农药能大量节约人工，减少喷药环节的成本；二是出现了一批质量较好的农用无人机品牌，技术上的问题已经基本得到解决；三是植保公司不断涌现，农业雇佣服务发展更加成熟。

4. 种粮大户愿意进一步扩大经营规模 在种粮大户未来是否愿意扩大经营规模方面，由表 12-5 可知，63.12%的农户表示未来愿意继续扩大经营规模，25.69%的种植大户表示不愿继续扩大经营规模，另有 11.19%的种植大户不确定是否继续扩大规模。从区域来看，除韶关之外，其余地区的种粮大户愿意扩大经营规模的比例均超过 50%。大部分种粮大户仍希望未来能够扩大经营规模，当种粮大户经营的规模进一步扩大时，对机械及机械服务的需求会更多，从而进一步提高广东水稻生产机械化水平。

表 12-5　种粮大户未来继续扩大经营规模的意愿

单位:%

扩大规模意愿	汕头	韶关	湛江	惠州	清远	阳江	均值
愿意	64.52	48.39	61.76	68.97	54.29	80.77	63.12
不愿意	25.81	38.71	23.53	24.14	34.29	7.69	25.69
不确定	9.68	12.90	14.71	6.90	11.43	11.54	11.19

数据来源：根据 2019 年水稻生产大户调查问卷整理。

（二）机械化的限制因素

首先，从调研农户反映的情况看，水稻生产机械化发展最主要的限制因素是土地。广东在实施家庭联产承包责任制的过程中大多采用了远近肥瘦搭配的"插花式"分配方式，导致土地细碎化情况严重。水田地块小会导致机械作业时转弯多、调整时间长，在一定程度上影响了机械的耕作效率（孙继军，2018）。土地细碎化和分散化，增加了土地交易成本，使得种粮大户租赁土地时需要和众多农户谈判，难以租赁到连片的土地，也增加了耕作成本。此外，部分社会化服务组织不愿对面积小、地块分散的耕地提供服务，例如有些无人机喷药服务组织只接受连片作业面积不少于 10 亩的业务。

其次，大量小农户不愿签订长期土地租赁合同，限制了种粮大户购买农机的意愿。尽管广东已基本完成土地确权发证工作，但很多小农户对流转土地仍是有所顾虑，部分小农户宁愿将土地无偿给亲朋好友等熟人耕种，也不愿签订长期有偿租赁合同。从表 12-6 可以看出，土地租赁期限主要为集中在 1～5 年的短期租赁，其中租期在 1 年及以内的达27.16%，租期超过 10 年的长期租赁仅为 7.58%；小农户与种粮大户签订书面租赁合同的比例不足 50%。由于农业机械的投资是长期的，土地的短期租赁限制了种粮大户土地经营期限，降低了他们购买大型农业机械的意愿。

表 12-6　种粮大户土地租赁情况

单位：%

土地租赁情况	汕头	韶关	湛江	惠州	清远	阳江	均值
租赁期限							
1 年及以内	23.53	10.00	16.67	37.50	67.57	7.69	27.16
2～5 年	67.65	66.67	50.00	34.38	18.92	38.46	46.01
6～10 年	5.88	16.67	22.22	18.75	13.51	38.46	19.25
10 年以上	2.94	6.67	11.11	9.38	0.00	15.38	7.58
租赁合同							
口头合同	17.65	30.00	50.00	25.00	59.46	11.54	32.28
书面合同	70.59	63.33	30.56	46.88	5.41	76.92	48.95
无合同	8.82	6.67	16.67	28.13	21.62	11.54	15.58
其他	2.94	0.00	2.78	0.00	13.51	0.00	3.21

数据来源：根据 2019 年水稻生产大户调查问卷整理。

最后，从农业机械本身来看，农业机械性能参差不齐也对种粮大户购买农机产生了影响。很多农机质量性能不佳，检修和维护困难，技术未能实现本地化和标准化；部分进口机械虽然性能好，但往往价格高昂。针对水稻全程机械化的难点环节——插秧环节，国产插秧机种类少，且性能仍不能令人满意。针对喷药环节使用的无人机，国内虽有多家公司生产，但各家质量差异较大，尚未形成行业标准，电池性能和续航能力难以保证，种粮大户在选购时也难以分辨。

四、 本章结论

通过数据分析，本章主要得出如下结论：

（1）当前广东种粮大户中有 63.39％的农户所拥有的固定资产超过1万元，表明他们重视对农业固定资产的投入。在各种农业机具中农户拥有拖拉机的比例是最高的，有 71.51％的农户拥有拖拉机；其次是机动喷雾机，49.46％的农户拥有。

（2）当前广东种粮大户在耕整和收割环节有 95％以上的面积实现了机械化作业，达到了高度的机械化水平；在无人机喷洒农药环节取得了较快发展，45.23％的面积采用了无人机喷洒农药技术；插秧环节机械化程度仍有待提升，目前仅占 39.38％。在产后环节，烘干比例已达到 47.89％，农民更有信心应对收割时节的阴雨天气。加工比例为4.02％，农民难以获取加工稻谷的附加值。

（3）有 63.12％的农户表示愿意继续扩大经营规模。当前广东省发展机械化经营的有利条件主要体现在政策支持、人才培养、农技服务市场等方面，而限制因素主要包括土地细碎化严重、小农户不愿签订长期租赁合同、农业机械性能参差不齐等方面。

第四篇

广东省珠江三角洲
超市大米产品

第十三章　珠三角超市大米销售品种及产品规格

大米销售市场是水稻产业的终端环节，市场对大米的各种需求会通过产业链的反向传导对水稻生产行为产生重要影响。珠三角作为广东人口最集中，人口数量最多的区域，对其大米销售市场进行研究可以从总体上把握大米供给和需求状况。大中小超市是居民购买大米的重要场所，在一定程度上可以反映广东主要大米产品情况。本书主要运用实地调查法、问卷调查法与访谈法来调查珠三角地区超市大米的销售情况与差异化情况。实地调查的时间为 2018 年 7 月 18 日至 2018 年 8 月 1 日，调查地点为广州、深圳、东莞、中山、珠海、佛山六个珠三角城市共14 个区。

由于大米产品差异化会在经济较为发达地区有比较突出的显现，调查组选取每个城市中 GDP 总量排名靠前的几个区作为调查对象，分别是广州天河、广州黄埔、广州越秀、深圳龙岗、深圳福田、深圳南山、东莞长安、东莞虎门、中山小榄、中山火炬、珠海香洲、珠海金湾、佛山顺德和佛山南海。其中，在每个区选取 5～6 个不同类型的超市，一般是 1 个大型超市加上 5 个中小型超市，分别记录了每个超市所有大米的基本信息。总共收集了 80 个超市（其中大型超市 15 家），合计 3 230 条产品记录，涵盖了大中小型各类超市。除了珠海金湾外，每个区至少一家大型超市，涵盖了沃尔玛、大润发、永旺等知名超市；中小型超市主要是百佳、华润万家、乐购等生活超市以及连锁超市与本地的知名超市，如中山的"壹加壹"超市、珠海的"百分百"超市，这些超市也是当地居民购买大米的主要场所之一，一般会重点销售本地区生产的大米品牌。该种类型的连锁超市与大型超市相比具有方便快捷、分布广泛、价格亲民等特点，会更受普通消费者青睐。

本书涉及产品的记录包括所在地区、超市名称、大米名称、品牌、大米品种、生产日期、单重、价格、等级、纯度、原料地、加工地、生产者、经销商、进出口商、种类、包装方式以及各类产品标识。

一、超市销售大米的品种差异

根据大米包装上的文字，将大米分成 25 类，但并不是按照学术界的分类方式进行分类，而是根据商家命名的方式进行分类，虽然相对不准确，但却反映如今占有大米零售市场的主要产品种类及商家对命名的宣传重点偏好。表 13 - 1 显示，此次调研中共收录了 560 个茉莉香米的数据，占总体的 17.43%；其次是油粘米，共有 443 个数据，占总体的 13.79%。"其他大米"是指不能根据外包装第一眼识别出其种类的品种，有繁多的种类和各式各样的命名方式，多数为小厂商生产。针对此种产品，普通消费者大多缺乏信任感，选购力度不强，并且该产品的销售地域范围较小，一般都是采取本土产本土销的方式，市场占有率小。本次调研观察到数量最多的品种为茉莉香米，采访销售员得知，该品种是最受消费者喜爱的产品之一。该品种原产自泰国，如今在国内销售的茉莉香米的产地主要有越南、泰国、柬埔寨以及内地。

表 13 - 1　珠三角超市大米产品标识情况

品种	频数	百分比（%）	品种	频数	百分比（%）
茉莉香米	560	17.43	香粘米	72	2.24
油粘米	443	13.79	长粒香米	67	2.09
香米	364	11.33	有机米	67	2.09
配方米	303	9.43	银粘米	41	1.28
丝苗米	244	7.60	五常大米	28	0.87
东北大米	139	4.33	象牙米	24	0.75
其他大米	136	4.23	柬埔寨香米	12	0.37

（续）

品种	频数	百分比（%）	品种	频数	百分比（%）
稻花香米	135	4.20	软粘米	11	0.34
泰国香米	128	3.99	日本大米	11	0.34
其他香米	122	3.80	富硒米	8	0.25
珍珠米	115	3.58	美香粘	4	0.12
小农粘米	97	3.02	越南香米	3	0.09
香软米	78	2.43			

数据来源：根据 2018 年调研数据整理。

在珠三角的大中小超市中，陈列了众多品牌的大米，为了了解当前在珠三角市场上粳米和籼米的销售情况，在众多大米品牌中，抽取了 5 个较有代表性的品牌，对各品牌大米中粳米与籼米所占比例进行统计。如表 13-2 所示，统计结果中籼米占比 75.86%，与南方地区的生活习惯相符合，来自广东区域性品牌——太粮米业的籼米陈列比例更是达到了 93%；但是福临门、华润五丰、惠宜、金龙鱼等全国性的品牌，所销售的大米中有 34% 至 54% 的比例是粳米。

表 13-2　典型大米品牌中粳米与籼米占比

大米品牌	粳米占比（%）	籼米占比（%）
福临门	34.00	66.00
华润五丰	45.00	55.00
惠宜	54.00	46.00
太粮	7.00	93.00
金龙鱼	36.00	64.00
合计	24.14	75.86

数据来源：根据 2018 年调研数据整理。

二、 超市销售大米产品的包装及规格

（一）超市销售大米产品的包装

根据表 13-3 所示，目前市场上的包装方式主要是塑料包装和编织袋装，分别达到了 54.38% 和 41.34%。除此之外还有少量的米砖和极

少量的盒装桶装、充氮包装和纸袋装等包装大米。

表 13-3　大米产品包装方式

包装方式	频次	百分比（%）
塑料袋装	1 752	54.38
编织袋装	1 332	41.34
米砖	122	3.79
盒装	12	0.37
桶装	2	0.06
真空充氮包装	1	0.03
纸袋装	1	0.03
总计	3 222	100.00

数据来源：根据 2018 年调研数据整理。

　　塑料包装具有耐用、透明、可装米量适中、易于保存等特点，在大米市场也日益占据首位，达到了 54.38%；其次是编织袋装，也很受消费者欢迎，占比达到 41.34%。米砖特点是小规格的，容易制作，也方便进行存储和运输。还有极个别的盒装、桶装、充氮包装、纸袋装等。特殊包装的大米主要是面对相对高端水准的消费层，在大米包装上打造卖点，这是大米产品包装上差异化的一种表现，虽然目前受众不广，但这确实存在。但是品牌推出独特包装的产品都仅仅是占据自家品牌产品的极少数。同时商家也会在包装的文字或者色彩上别出心裁，常见的方式有标识米的特质，主要是标识知名产区、晚籼稻、特级等。

　　从表 13-4 可以看出，大米包装的不同，主要的保质期也大有不同。编织袋装的保质期主要集中在 12 个月、6 个月、24 个月、9 个月、18 个月、3 个月和极少数的其他保质期；塑料袋装的保质期主要集中在 12 个月、18 个月、24 个月、6 个月、9 个月和极个别 19 个月和 20 个月。其次，米砖这种包装是人们为了保存和利于搬运而使用的方法，主要的保质期依次是 12 个月、18 个月以及 24 个月。比较新颖的盒装大米的保质期则主要集中在 12 个月。另外，桶装、充氮包装和纸袋装因为市面上的大米产品采用的不多，仅收集到极少量的数据。

154

表 13 - 4　大米产品保质期与包装方式

单位：个

保质期（月）	塑料袋装	编制袋装	米砖	盒装	桶装	纸袋装	真空充氮包装
3	0	21	0	0	0	0	0
4	1	1	0	0	0	0	0
5	2	3	0	0	0	0	0
6	60	313	3	0	0	0	0
8	0	0	0	1	0	0	0
9	44	214	2	0	0	0	0
12	680	431	64	10	2	1	0
13	0	1	0	0	0	0	0
18	478	100	37	1	1	1	1
19	2	0	0	0	0	0	0
20	1	0	0	0	0	0	0
24	477	247	20	1	1	1	1
合计	1 742	1 331	126	13	4	3	2

数据来源：根据 2018 年调研数据整理。

根据上面所得到的初步数据，在编织袋包装大米中，26.15％保质期集中在 12 个月以上，32.38％在 12 个月；相比之下，塑料袋包装大米 54.99％保质期集中在 12 个月以上，39.04％在 12 个月，米砖包装的大米中则有 45.24％保质期集中在 12 个月以上，50.79％保质期为 12 个月。不同的大米包装方式使得大米在整体上有了保质期的不同。以此看来，大米的包装方式可以在一定程度上延长大米保质期。在市场上主流的包装方式中，米砖的效果最好，其次是塑料袋包装，编织袋包装最差。

（二）超市销售大米产品的规格

表 13 - 5 显示，目前市场上大米主要规格是 5 千克、10 千克，再往下依次是 15 千克、2.5 千克、25 千克、1 千克、2 千克、1.5 千克和极个别规格。综合来看，5 千克、10 千克的规格最为常见，占比分别达到 44.23％和 34.85％。这与当代人们外出就餐多和家庭人口较少的情况

吻合，人们更倾向于快速的生活节奏。5千克以下的包装更加容易被接纳，也便于尝鲜的人们尝试未食用过的大米。5千克、10千克的大米规格都较符合消费趋向，能够得到消费者的接纳，生产商也主推此类规格的大米，超市促销时也是以这些规格为主。可以预见，未来大规格大米产品会越来越少见，而中等规格，如5千克、10千克会占据主体地位，辅以小规格的大米产品，满足人们越来越精细的生活习惯和品味。

表13-5 不同包装重量大米产品的分布

单位：千克、%

产品重量	频数	百分比	产品重量	频数	百分比
0.5	5	0.2	5	1 425	44.23
0.6	1	0.03	8	1	0.03
0.75	4	0.1	10	1 123	34.85
1	48	1.5	14.5	1	0.03
1.25	4	0.1	15	354	11.00
1.5	10	0.31	18	1	0.03
2	40	1.24	20	1	0.03
2.5	113	3.5	24.8	1	0.03
3	1	0.03	25	80	2.48
4	5	0.15	50	2	0.06
4.5	1	0.03	55	1	0.03
总计	232	7.19	总计	2 990	92.8

数据来源：根据2018年调研数据整理。

如图13-1所示，对于超市大小与售卖的大米规格上的关系来说，大型综合超市的小众规格比较多，中型超市也不少，小型超市则基本没有。综合超市和中小型超市的大米都以5千克、10千克为主，但是小规格的产品次居第三，远比中小型的要多，这也验证了前面对于生活水平较高的地区大米规格分化较为突出的结论。同时也可以看到，无论综合超市还是中小型超市，单重在20千克以上规格的大米产品已经比较少。

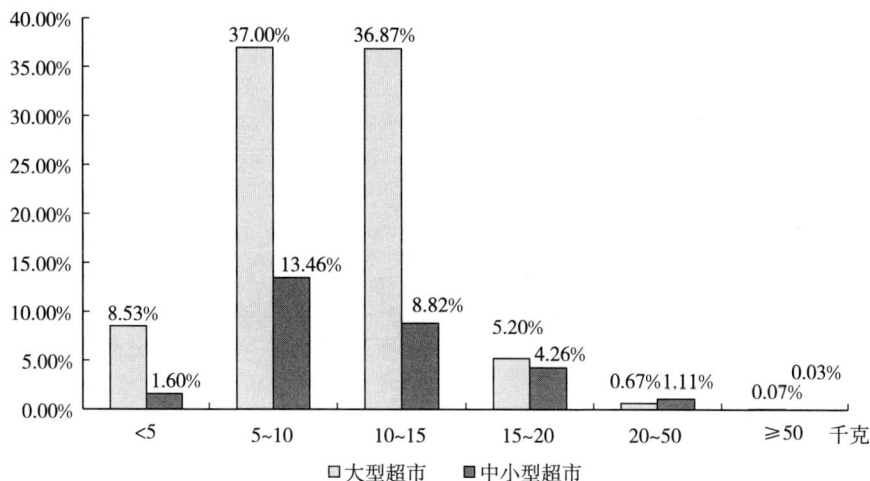

图 13-1　不同超市规模和大米产品规格
数据来源：根据 2018 年调研数据整理。

　　在同销售员的交流中得知，大米产品重量大小是跟随家庭成员结构大小变化而改变的，在二十年前，大规格包装受欢迎，那时家庭规模较大，买大包的不仅价格上划算，也可以减少购买次数。5 千克以下包装大米的购买对象一般为都市年轻群体，其家庭人员较少，当然也有部分中老年群体购买小规格的大米用以尝鲜换口味。综合来看，未来大米市场主要以中等规格、采用塑料袋包装的大米产品为主，并逐渐会出现更多的规格分化和包装方式的分化，消费者的消费趋向于分化，大米厂商也会根据市场变化推出更多样的包装和规格供市场优胜劣汰，大米市场的差异化发展到一定时期，必然会为消费者带来不一样的消费体验。

　　为研究同一产品的不同大小规格对其自身单价的影响，调查组选出五种产品，其样本数量都超过 25。先对其进行每千克价格转换，再按照相同重量大小的样本进行整除，得出不同重量的每千克米价。根据折线图（图 13-2）观测得出，大米的单价随着其单位重量的增加呈现下降趋势。

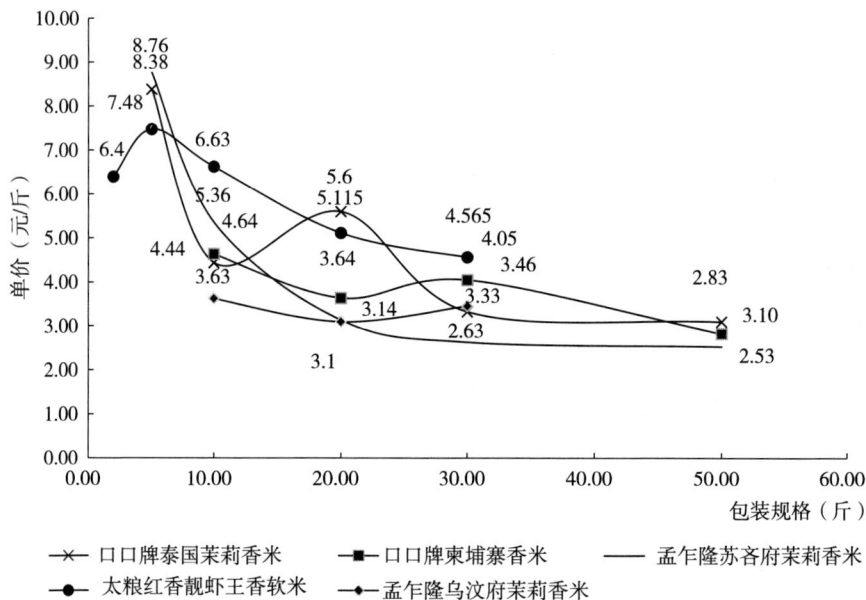

图 13 - 2　不同包装规格与零售价格

数据来源：根据 2018 年调研数据整理。

三、 超市销售大米等级

大米等级划分参照国家大米加工标准，主要依据大米的颗粒大小、加工精度、有无杂质、碎米含量等指标进行划分。一般说来，一级大米白垩粒含量少，加工精度高，价格也会高一些。但是现在人们提倡食用粗粮，因此也有部分人群会选择加工程度稍低的三级或四级大米。图 13 - 3 显示，市面上的大米多数为一级，二级、三级也较常见，极小部分为特级和四级，另外也有相当一部分是没有等级的。数据表明，市场上一级大米数量占比最大。此外，没有等级标识的大米通常是原装进口的，而且纯度均为 92% 以上，而特级大米较为少见，仅收集到四条数据，分别是"金龙鱼生态稻米""白马牌马坝油粘稻谷""白马牌马坝油粘米"以及"白马牌精选马坝油粘米"。

调查发现，像"金龙鱼""太粮"这种知名度较高的品牌，其产品

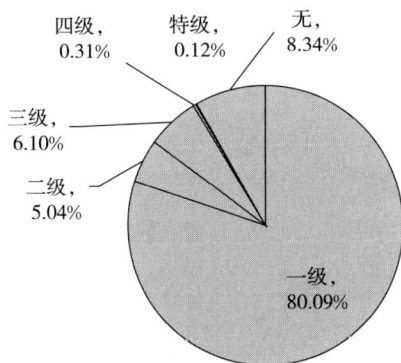

图 13-3　不同等级的大米分布

数据来源：根据 2018 年调研数据整理。

有一部分为三级，但几乎所有小品牌的大米都是标示为一级，显然大品牌的加工会更加精细和规范，可结果却与常识相悖。其原因可能是大企业比小企业更加规范地进行标示，大企业受到的社会关注比小企业高，必须更加严格地按照国家标准和法规进行生产活动。

四、　超市销售大米的原料产地

从表 13-6 中可以看出，大米产品原粮地标注中，35.61%的超市大米没有标记原粮产地，而其中基本都是国内大米。有标记原粮地的国内大米主要来自黑龙江、广东、岭南地区、江西、广西。黑龙江原粮地的大米比重达到 8.58%，广东、岭南地区、江西和广西分别占据6.84%、6.53%、2.99%和 2.92%，而湖北也达到了 2.55%，但标注湖南产地的大米只有 0.06%。据调查组走访了珠三角东莞批发市场和三眼桥批发市场以及查阅资料后了解到，部分湖南大米曾经被曝光过存在重金属超标的现象，珠三角批发市场经营者对于湖南大米小心谨慎，除非检查合格，否则也不敢随意接收湖南大米。这是市场运营者规避风险的自然表现。进口大米中，如泰国、柬埔寨等原粮大米，则普遍标明原产地，均在超市大米原粮地中占据一定比重，分别达到 17.60%和 3.02%。

表 13 - 6　大米产品主要原粮地分布

原粮地	频次	百分比（%）	原粮地	频次	百分比（%）
无	1 145	35.61	越南	17	0.53
泰国	566	17.60	大兴安岭	8	0.25
黑龙江	276	8.58	江苏	8	0.25
广东	220	6.84	南方地区	7	0.22
岭南地区	210	6.53	湖北、两广、江西	6	0.19
柬埔寨	97	3.02	黑龙江、辽宁	6	0.19
江西	96	2.99	安徽	4	0.12
广西	94	2.92	江南鱼米之乡	3	0.09
湄公河流域	94	2.92	鸭绿江流域	2	0.06
东北	87	2.71	湖南	2	0.06
湖北	82	2.55	东北优质稻米产区	2	0.06
长江中下游平原	44	1.37	鱼米之乡	1	0.03
辽宁	36	1.12	上海	1	0.03
吉林	31	0.96	江苏、安徽	1	0.03
空白	24	0.75	河南	1	0.03
传统鱼米之乡	23	0.72	湖南湖北	1	0.03
两广、江西	19	0.59	江南	1	0.03

数据来源：根据 2018 年调研数据整理。

　　国内大米还有其他比较模糊的原粮地的说法，诸如岭南地区、长江中下游平原、传统鱼米之乡等较为模糊的地域词汇和两广、江西、湖北、江苏、安徽等多个原粮产地的表示。这一方面体现了珠三角超市大米普遍是配方米，这在对某些大米加工企业的采访中得到了证实，很多没有标明原粮地的大米都是配方米，不是单一品种的大米。另一方面也反映了我国粮食种植场地多而杂的现状，很多原粮产区存在种植散乱、分布零星的现象，大米加工企业的原粮也自然来自五湖四海。根据可得原料地信息的大米数据显示，市面上的大米多数来自南方各省、东北三省以及东南亚国家，也有一部分大米原料地为长江中下游平原（将传统鱼米之乡统一归为长江中下游平原）。这里所说的南方，是以地理上的南北方分界线"秦岭—淮河"为划分依据，以南即为南方，多为湖北、岭南地区。东南亚国家中，泰国为主要的大米产地，这也符合泰国这一传统产粮国家的定位。东北大米大部分由黑龙江省所产，其中五常大米占有不小比例，五常大米在消费者中的认同感很高，但根据销售方所说，市面上五花八门的五常大米是否产自五常仍有待商榷。

从大米产品大类来看，来自南方地区和东南亚地区的大米占珠三角地区籼型大米的大部分，这可能与广东人总体偏爱吃口感较软、带有油性的大米有关。除了南方籼米，北方粳米，特别是东北大米也在珠三角地区占一定比例，这可能和珠江三角洲大量外来人口相关。

值得一提的是，在所收集的大米数据中，接近三分之一的大米没有标注原料地，采访过程中调查组得知，市面上有不少米是由收自全国各地的大米按照一定比例配成的，或者在优质米中掺入品质相对较差的大米，甚至有掺入进口米的，因而无法提供具体的原料产地信息，就这一点来说造成供需双方信息不对称，降低了大米在原料地方面的差异化体现，也可能对大米市场来说是一点不足。

五、本章结论

本章分析的主要内容为珠三角大米销售品种及产品规格。主要得出以下结论：

（1）当前广东省大米销售市场上存在众多大米品种，其中以茉莉香米命名的最多，占 17.43％；其次是以油粘米命名的，占 13.79％。在籼米与粳米的销售比例中，籼米占比 75.86％，符合南方人喜食籼米的消费习惯，在同一大米品牌下籼米与粳米的陈列比例与品牌覆盖面有直接关系，全国性的大米品牌所陈列的粳米与籼米比例相对均衡。

（2）在大米的包装上塑料袋装和编织袋装的比例是最高的两项，占比分别达到了 54.38％和 41.34％；使用这两种包装方式的，其保质期标识最常见的是 12 个月。在大米的销售规格上，在超市中陈列规格最普遍的是 5 千克装的，占比 44.23％，超过 10 千克的占比仅为 13.66％，包装倾向于小型化。

（3）目前市场上销售的大米有一到四级、特技和无等级标识，调查数据显示标识为一级的数量最大，占比达 80.09%。在原粮产地中有 35.61% 的大米没有标记产地，这与大米市场上销售的大米多是配方米有关系，大米供应商为了打造口感相对稳定的大米品牌，会以多地区、多品种的大米作为原料进行合理的配比，因此这类大米很难标识产地；有标记原粮地的国内大米主要来自黑龙江、两广、两湖地区。

第十四章　珠三角超市大米标识、品牌和价格差异

大米品牌、标识和价格是终端市场上顾客判断大米品质和做出购买决策的重要依据。为了更进一步地分析珠三角超市大米销售市场的相关特征，本章将从大米品牌差异、大米产品的标识和价格差异三个方面描述珠三角超市大米市场的销售现状。在分析品牌差异时，选取了六个城市出现频次前18的品牌，包括全国的主要品牌和广东省内或某一地市的区域品牌。在大米产品的标识上主要分析了大米的质量标识、日期标识和保质期标识。品牌和标识是区分大米销售价格的重要影响因素，因此在分析了品牌和标识之后，本章着重分析大米产品的价格差异。

一、 珠三角超市大米品牌差异

在分析各城市的品牌分布时，由于大米品牌众多，且有许多为知名度不高、对市场影响程度几乎为零的小品牌，因而调查组选取了六个城市的数据合并之后出现频数前21的品牌（即频次超过30）进行统计分析。

如图14-1所示，这21个品牌分别为"太粮""华润五丰""金龙鱼""金熊""福临门""白燕""口口""孟乍隆""香纳兰""穗方源""惠宜""湄南河""稻中皇""曼泰吉""御香龙品""泰金香""福佑""良记金轮""香满园""聚丰园""爱普莎"，在此基础上，选取每个城市出现频数排在前5的品牌进一步分析。

部分大米品牌分布有地域性。表14-1显示，在21个品牌中，有

163

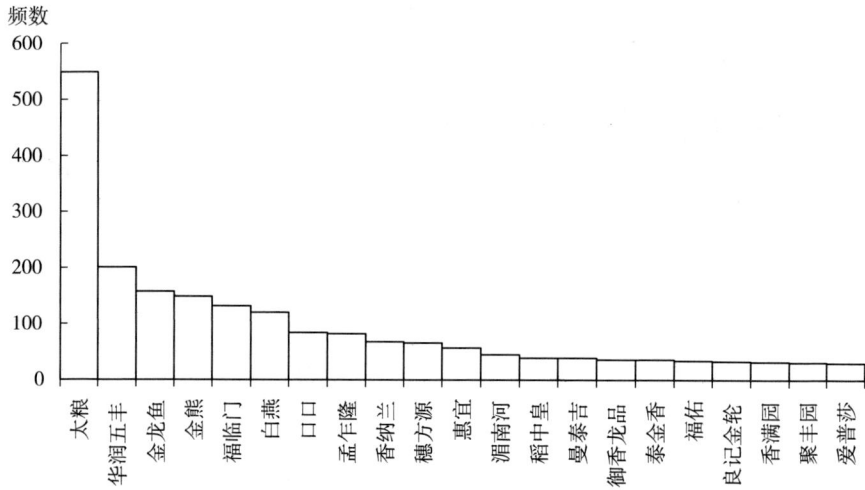

图 14-1 珠三角超市大米品牌频数分布图

数据来源：根据 2018 年调研数据整理。

表 14-1 各城市频数前 5 的大米品牌

广州			佛山			东莞		
品牌	频数	百分比	品牌	频数	百分比	品牌	频数	百分比
太粮	111	32.74	太粮	123	32.63	太粮	101	44.89
华润五丰	43	12.68	白燕	67	17.77	金龙鱼	34	15.11
福临门	35	10.32	金熊	44	11.67	金熊	20	8.89
口口	25	7.37	华润五丰	26	6.9	穗方源	15	6.67
惠宜	23	6.78	金龙鱼	18	4.77	香纳兰	14	6.22

深圳			中山			珠海		
品牌	频数	百分比	品牌	频数	百分比	品牌	频数	百分比
华润五丰	80	21.45	太粮	135	36.89	金熊	38	18.91
太粮	46	12.33	白燕	54	14.75	太粮	33	16.42
金龙鱼	40	10.72	聚丰园	31	8.47	华润五丰	30	14.93
福临门	35	9.38	金龙鱼	29	7.92	福临门	30	14.93
孟乍隆	31	8.31	穗方源	26	7.1	金龙鱼	14	6.97

数据来源：根据 2018 年调研数据整理。

7个品牌并不是遍布所调查的六个城市，包括"良记金轮""福佑""泰金香""穗方源""香满园""聚丰园""白燕"，其中，"聚丰园"主要分布在中山，"白燕"主要分布在中山和佛山，其余五个品牌一般在某一两个城市出现频数为零。这与企业自身的目标市场、品牌定位和战略有关，比如访问太粮公司时了解到，太粮公司多年来的主要目标市场为珠三角地区，因而其产品主要分布在珠三角。而像中粮集团这种国企，其加工厂遍布全国南北方各省，中粮集团旗下粮油品牌"福临门"目标市场则为全国性的，因而其产品不局限于珠三角。需要注意的是，大米品牌出现频数受抽样影响，尤其是超市自有品牌，例如沃尔玛超市的自有品牌"惠宜"，在广州调查样本没有抽取到沃尔玛，于是"惠宜"的频数为零，但事实上广州有沃尔玛超市，并不意味着该品牌没有在该城市销售。

调研也发现几乎每个城市都有自己的本地大米品牌，例如珠海的"稻中皇"，中山的"聚丰园"，佛山的"白燕"等。这些本地大米品牌在当地一般占有相当的市场份额。可能是因为消费者对当地品牌具有认同感。在采访消费者时，他们表示多年来习惯食用和购买本地品牌的大米，当地大米品牌正是销售当地人习惯食用的大米品种。

与此同时，大品牌在市场上占有较大优势。从六个城市汇总的大米品牌频数分布图可看出，"太粮"在珠三角地区大米市场占有压倒性的优势，其次为"华润五丰"，二者与"金龙鱼""金熊""福临门"居于前五名。由于没有获得超市的具体销售量数据，无法获得各个产品的市场份额，各个大米品牌频数越高，说明越多的超市在售卖该产品。

图14-2为珠三角超市中出现品牌频数最高的四个企业，在珠三角地区以太粮公司为主，但该公司基本面向广东大米市场，益海嘉里、中粮和华润五丰是全国性的粮油企业，更加注重全国性的品牌战略经营。在访谈某大米加工商主要负责人时，他们指出了这一点，即当前中国的大米市场还没有一个全国性的大米品牌，最大的问题在于原粮的获取。

益海嘉里、中粮和华润五丰都在全国各地逐渐布局自己的加工厂，这有利于提升这些企业的竞争力。

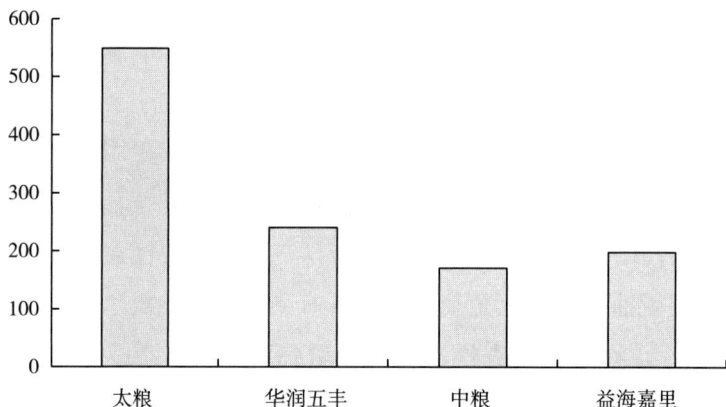

图 14-2　珠三角超市四个主要大米加工企业品牌频数对比
数据来源：根据 2018 年调研数据整理。

　　调查也发现了大米品牌原料地标识混乱的情况。调查时发现，市面上很多大米都打着"五常大米""马坝油粘米""增城丝苗米"和"仙桃香米"的牌子，但实际大米原料并非都是来自原料标注区域，更多是为了吸引消费者。原产地标识的滥用反映了相关部门监管不力，也反映了产地政府的品牌保护意识相对薄弱。产地随意标注在很大程度上会加大消费者对大米产品的辨别难度，无疑会破坏大米品牌形象，也使得地方性大米品牌影响力逐渐下降。

二、大米产品的标识

（一）大米的质量标识

　　大米的产品标识主要有绿色产品标识、无公害产品标识以及有机产品标识。图 14-3 为各种食品等级标识在样本有标识大米中的占比。在采访中也发现，消费者很少会留意到产品的标识问题，在购买大米的过程中也没有表现出对某一标识的了解和追求，因此这可能是导致目前大米产品标识不够普及化的原因。

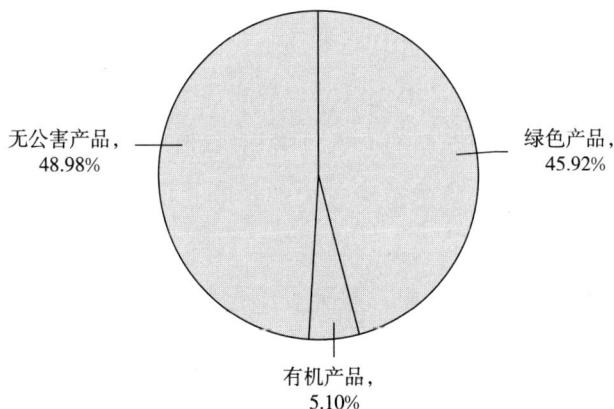

无公害产品，
48.98%

绿色产品，
45.92%

有机产品，
5.10%

图 14-3　各种食品等级标识在样本有标识大米中的占比

数据来源：根据 2018 年调研数据整理。

（二）大米的生产日期标识

在生产日期上，图 14-4 显示，超市所销售的大米大部分距离加工时间不超过 9 个月，其中最常见的为 3 个月以内，最陈旧的大米距离生产日期接近 24 个月，总体来说大米的流通速度比较快。

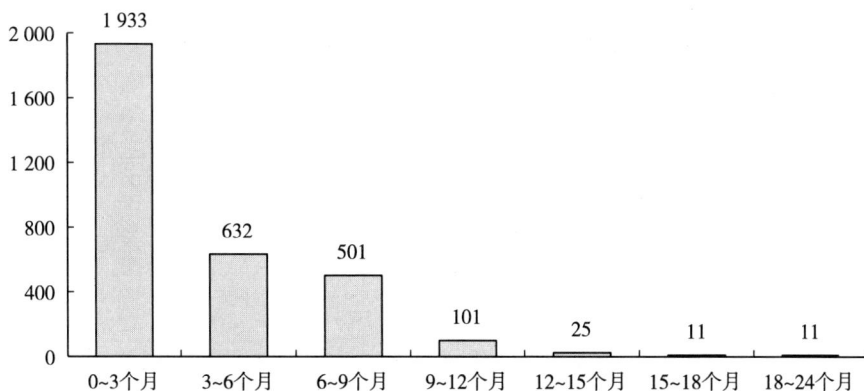

图 14-4　超市大米生产日期与调查时间距离频数分布

数据来源：根据 2018 年调研数据整理。

（三）大米产品的保质期标识

如图 14-5 所示，经过数据整合统计发现，大米保质期在 3～25 个月之间。保质期为 12 个月的最多，但不同大米产品保质期存在较大差别。首先，3～5 个月保质期的大米几乎都是产自不知名的品牌，价格较低，而且重量均达到 10 千克以上，最高达 25 千克，包装方式也是清一色的编织袋装。这种类型的大米价格相对较低，消耗量比较大，保质期短暂，不会对大米的质量造成太大的影响。保质期长达 24 或 25 个月的大米通常是进口品牌的大米，像是"口口牌""孟乍隆""香纳兰等"，重量在 10 千克以下较为普遍，甚至有小包装 0.5 千克的大米，包装方式也更加多元化，以塑料袋装最为常见，米砖包装也有一定份额。以太粮为主的部分品牌小包装的大米通常是 12 个月的保质期，而同品种的大包装的大米保质期可能仅有 9 个月，这可能跟大米存放时间长容易生长米虫，影响口感和质量有关。

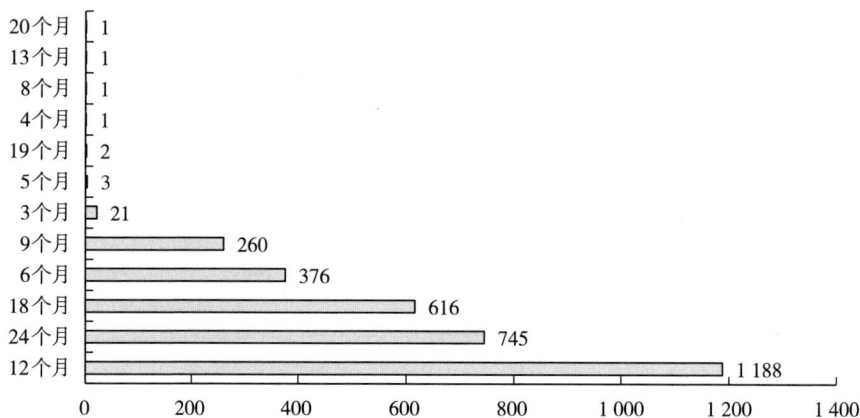

图 14-5　大米各种保质期数量分布

数据来源：根据 2018 年调研数据整理。

三、 珠三角超市大米价格差异

由图 14-6 可知目前超市里销售的大米单价涵盖的区间很广，价格在 0～60 元的范围内波动。总体来说，以 3～5 元这一梯度的大米最为常见，所占份额达 43.68%。在收集到的数据中，最便宜的大米是在东莞市长安区一家中小型超市里贩卖的三星牌仙桃香米，仅 0.6 元一斤，而最贵的大米是在深圳市南山区一家大型超市里销售的大荒地金龙赐福米，价格高达 59.9 元一斤。价格上的差异反映出当前珠三角的大米产品已经出现明显的差异化，而且比较明显地有了低中高端大米的区分。

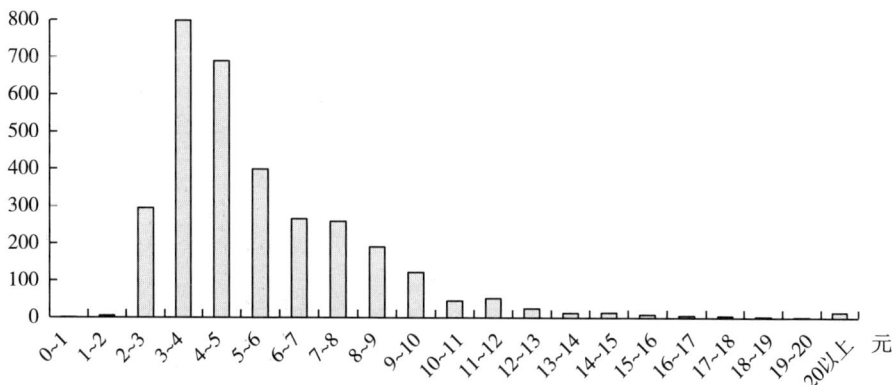

图 14-6 大米产品价格分布情况

数据来源：根据 2018 年调研数据整理。

表 14-2 是关于大米各单价段位（以下简称价段）在市场上的占比以及该价段的主要品牌。从中可以看出，2～4 元/斤的大米市场份额最多，达到 53.32%，其次 4～6 元/斤和 6～10 元/斤的价段并列第二，均占据 19.89%。而小于 2 元/斤和大于等于 16 元/斤的价段则达不到 1%。这个情况和调查消费者所得到的反馈基本吻合，消费者大部分青睐 2～4 元/斤的大米，4～6 元/斤和 6～10 元/斤的大米也有少部分生活水平较好的消费者消费，其中尤以外国品牌米较多。

表 14-2　大米产品单价及不同价位主要品牌

单价（元/斤）	频数	百分比（%）	主要品牌
<2	3	0.83	农夫山田
2～4	193	53.32	红枫、福裕来、五湖、庄品健、活道、百事兴、友丽、福佑、奥玉、茂发、生鱼、湄南香、润之家、金凤凰、金元宝、惠宜、红牡丹

（续）

单价（元/斤）	频数	百分比（%）	主要品牌
4~6	72	19.89	御品国珍、稻中皇、香满园、园万米业、聚丰园、珍香、金泰轮、御香龙品、泰金香、金龙鱼、穗方源、越谷香、白燕、太粮、福临门、鑫稻田、华润五丰、挂绿、金熊、高山绿稻、小鳄、鸭绿江、挂绿
6~10	72	19.89	中粮、绿良、爱普莎、恒大兴安、田夫、曼泰吉、香纳兰、良记金轮、口口、湄南河、谷尊、普康、孟乍隆、科誉
10~16	20	5.52	西谷安康、力确美
≥16	2	0.55	大荒地

数据来源：根据 2018 年调研数据整理。

从价格和品牌上来看，大米产品出现了差异化。中低端产品的市场差异化并不突出，在中端及中高端市场，大米的差异化逐渐明朗。当前市场上基本没有低于 2 元/斤的大米产品；2~4 元/斤的大米产品主要有"惠宜""润之家""福佑""湄南香""红枫""五湖"；在 4~6 元/斤的中端价位，品牌主要有"华润五丰""太粮""福临门""金熊""泰金香""金龙鱼""穗方源""香满园"和一些地方品牌，如"白燕""聚丰园""园万米业""稻中皇"等；6~10 元/斤的中高端价位大部分是国外品牌，如"孟乍隆""曼泰吉""香纳兰""良记金轮""口口""湄南河""爱普莎"等和国内个别品牌，如"科誉""恒大兴安""谷尊""田夫"等；10~16 元/斤和 16 元/斤以上的大米产品在超市中只有"西谷安康""力确美"和"大荒地"三个品牌。国产大米和进口大米之间存在明显的价格差异。如图 14-7 所示，目前市场上国产大米均价在 5.28 元左右，而进口大米品牌的大米均价则高达 7.47 元，价格相差较大。目前我国总体的生活消费水平有所提高，因此进口大米的市场也逐渐活跃。而国产大米因为品质提高以及居民生活消费水平提高，价格也有所上升。

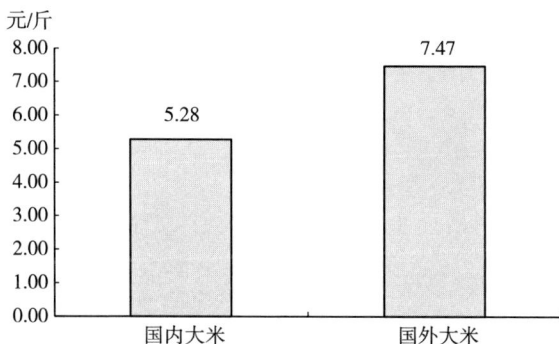

图 14-7　国内大米与国外大米产品均价对比

数据来源：根据 2018 年调研数据整理。

由图 14-8 可知，大型超市所卖大米均价比中小型超市高。据了解，入驻类似沃尔玛、大润发等大型超市的产品需要给超市额外的"入场费"，因此会在一定程度上提高产品的成本。但是大型超市经常采取促销降价的方式来吸引消费者购买大米，此时该大米的价格便会低于市面流通的价格，这时该大米的销量往往会比平时高几倍。

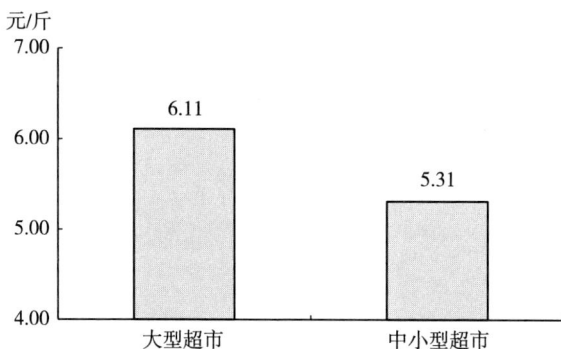

图 14-8　不同超市类型大米均价对比

数据来源：根据 2018 年调研数据整理。

四、本章结论

通过以上分析，本章主要结论如下：

（1）目前市场上出现了众多的大米品牌，既有"华润五丰""金龙鱼"等全国性的品牌，也有"太粮""白燕"等区域性的品牌。"太粮"
这一品牌在广州、佛山、东莞、中山出现的频次是排第一位的，在中
山、深圳两地排第二位，可以推断这一品牌在珠三角城市市场中占有率
是最高的。

（2）珠三角地区市面上超过95％的大米产品没有标明食品安全标
识，仅有3％的产品有食品安全标识，大米产品质量安全标识普及率很
低；在生产日期标识中，超市所销售的大米大部分距离加工时间不超过
9个月，其中最常见的为3个月以内；在保质期上，跨度范围较大，最
短的3个月，最长的25个月，其中12个月的居多。

（3）目前超市上销售的大米单价涵盖的区间很广，每斤价格从1.6
元至60元不等，总体来说，以3至5元这一梯度的大米最为常见，所
占份额达43.68％。总体看来，中低端产品在市场中的差异化并不突
出，在中端及中高端市场，大米市场差异化逐渐明朗。

第十五章　研究结论与政策建议

一、研究结论

通过对广东水稻产业、普通水稻生产户、种粮大户以及超市大米产品的分析，本书可以大致得到如下结论：

1. 产量和面积　宏观方面来看，广东省水稻产量和面积都在不断减少，单产虽然有所增加，但增加幅度不大，部分年份甚至有所下降；从水稻种植区域分布来看，传统的珠三角地区水稻种植面积已经萎缩到很小的比例，粮食主产地更多集中在珠江三角洲的外围地区、粤西和粤北地区。外来人口的增加导致广东稻谷供需缺口扩大，广东稻谷供给和需求之间的差额维持在 540 万吨左右，珠江三角洲地区人口的大米需求主要依赖国外进口以及江西、广西、湖南和湖北等地供给。

2. 投入产出和成本收益　通过宏观层次投入产出及成本收益资料分析显示，2006 年以来，水稻生产总成本增长迅速，其中人工成本、物质与服务费用及土地成本都大幅增加，人工成本增幅最大。广东水稻生产净利润与成本利润率近几年来出现断崖式下跌，2020 年广东早稻生产成本利润率已跌至 -9.67%，晚稻为 0.67%，均低于全国平均水平。和其他省份相比而言，广东省水稻单位面积生产成本高于全国平均水平。2020 年，早稻生产每亩总成本比全国平均水平高出 11.9 元，而晚稻每亩总成本比全国平均水平高出 23.57 元，广东晚稻单产低于周边其他省份。所以无论从投入还是产出角度来看，广东省水稻生产在全国范围内处于劣势。

3. 品种采用　广东经历了从种植常规稻转向种植杂交稻的过程，

但随着优质常规稻品种的出现，常规稻面积出现恢复性增长，甚至在某些地区成为主导品种。当前杂交稻相对于常规稻在产量、效益上有优势，但从米质、生产成本来看，常规稻可能有较好的发展前景。

4. 种植模式及技术采用　村级访谈数据显示，各地水稻生产机械以耕整机为主，且以小型旋耕机为主，拥有收割机的农户较少；从种植模式来看，大部分地区农户水稻种植以双季稻为主，但粤北地区出现双季稻改单季稻趋势；大部分地区农户水稻生产已经实现机耕机收，但插秧环节多采用抛秧或人工插秧，雷州半岛东西洋地区普遍采用直播方式；此外，广东与长江中下游地区不同，早稻单产要普遍高于晚稻。

5. 普通水稻生产户基本特征　广东水稻生产户的基本特征如下：样本户户均人口数为 5.44 人，其中劳动力 3.71 人，青壮年大多去珠三角务工，老人留在家中从事农业生产，农业生产者平均年龄高达 56.74 岁，老龄化趋势明显且整体文化程度较低；户均水田面积 1.99 亩，户均地块数达 10.97 块，山区户均地块数最多，为 12.5 块；农户家庭户均总收入为 90 303.6 元，户均种植业收入为 11 432.2 元，户均非农务工收入为 72 528.30 元，水稻生产副业化比较明显。

6. 普通水稻生产户种植意愿　从农户水稻生产意愿来看，广东省水稻生产者绝大部分种植水稻是为了满足家庭口粮需求，注重粮食的安全性和口感。69.22% 的水稻种植户认为家中年轻人以后不会从事农业，大部分农户认为自己在未来五年内仍从事农业，但十年后从事农业的意愿下降，76.58% 的农户也并没有发展规模化种植的意愿，大多数种植户认为家中的年轻人以后不会再从事农业，只有 8.02% 种植户认为家中年轻人会从事农业。

7. 大户基本特征　从种粮大户特征来看，经营者平均年龄接近 46.01 岁、初中文化程度，户均经营水田面积 197.52 亩，但经营规模在 20～50 亩居多，多从其他村民租入土地，租赁期限在 5 年及以内的占 73.17%，有签订书面合同的占 48.15%，其经营的初始资金大部分来自家庭内部收入，但一半以上的种粮大户有借贷行为。

8. 大户生产情况　从种粮大户水稻生产情况来看，种植优质稻比例为 63.32%，机耕机收比例都在 95% 以上，在不考虑自家工成本的前提下，早稻的亩均利润为 250.34 元，中稻利润为 566.59 元，晚稻利润为 348.24 元，当考虑自家工成本后对应利润分别下降为 38.80 元、－63.61 元、150.18 元，种植大户经济效益总体要好于普通农户。

9. 大户技术需求　种粮大户目前最需要的是优质品种技术，其次是高产品种技术，表明当前广东农户相对于高产品种，更看重优质品种。合作社作为农户获取市场信息和学习先进技术的重要媒介，目前加入合作社的比例为 37.63%，未来还有很大的提升空间。

10. 珠江三角洲地区大米市场调查　当前大米产品已经日趋多样化，价格差异已经非常明显，优质优价现象体现得非常明显，包装规格、品种和产地标识都在显著影响大米的价格，这说明广东大米市场化程度已经较高，但总体缺乏有主导性的大米产品和品牌。

二、广东水稻发展的政策建议

习近平总书记强调中国人的饭碗要装自己的粮食。广东作为中国粮食主销区，粮食安全问题更为突出，除了充分利用国内国际两个市场满足粮食供给，要保障广东省粮食安全，也要抓好自身的粮食生产，提高本地粮食供给率，具体可以从政策、科技和服务三个方面入手：

（一）政策方面

1. 增加种粮大户补贴和土地流转补贴，让真正种植水稻的农户得到补贴，提高其积极性　基于 WTO 黄箱政策的考虑，与粮食产量挂钩的补贴政策难以持续，在国家将原有的粮食直补政策调整为地力补贴的基础上，广东省可以考虑出台针对种粮大户的水稻生产补贴，针对有正规土地流转程序和一定规模的农户，可以考虑进行土地流转补贴，促进土地流转到种粮大户手中，让专业的人从事水稻生产。

2. 加大基本农田改造力度，改善灌溉条件和交通条件　丘陵山区的灌溉条件较差，地块太小不平，机械难以下地，从而导致生产成本较

175

高，乃至被抛荒。利用国家和省级资金，大力对这些农田进行改造，达到实现藏粮于地的政策目标。对于多年连片抛荒的土地，集体可以考虑收回或同土地承包人建立土地股份合作制，将田地统一进行园田化改造，然后发包给种粮大户。

3. 推动土地流转和集体土地分配制度改革，推动粮食规模化生产 调研中发现广东部分地区的土地分配和流转模式极大提高了农户的种粮积极性。韶关市始兴县马市镇部分调查村实现土地连片竞标，实现农户经营规模和经营效益的提高；台山普遍采用连片承包和租赁，土地五年调整一次，家庭人口的份地和流转土地都分配在一起，形成土地的连片经营，极大推动了水稻生产的规模化和全程机械化；肇庆怀集采用供销合作成立公司整村承包土地，经过整理之后进行规模化生产，推动了当地的粮食规模化生产，提升了粮食生产效益。这些模式值得在其他地区推广。

4. 培育一批种粮大户和以粮食生产为主的家庭农场对于稳定广东粮食生产至关重要 随着农村老年人在农业生产中的退出，未来专业化的生产者必将成为粮食生产的主体。需要对他们在生产技术上进行培训，提高他们农场管理的水平，在农机购置补贴上进行倾斜，资金上进行扶持，解决生产过程中资金不足的问题，为其集中创造条件。

5. 做实丝苗米产业园，推广优质稻品种，改进种植模式提高单产，提升水稻生产整体效益 全省已经建立多个丝苗米现代农业产业园，但产业园有待进一步改善，切实围绕现代要素集聚、设施装备先进和生产方式绿色建设产业园区，实现辐射带动的作用。全面统筹布局加工、研发、示范、服务、旅游等功能板块，突出丝苗米产业园的良种培育、产业融合、创业平台、核心辐射等主体功能。将土壤肥料、生物防治、全程机械化、现代化加工、市场销售与溯源防伪、种源几大环节环环相扣，打造丝苗米全产业链。此外，有机丝苗米现代产业园建设应坚持生产性、生活性、生态性的定位，进一步探索深加工、大数据在生产及销售环节应用的前景。广东水稻产业与国内其他地区相比最大的优势是有一批优质稻品种和以优质为育种目标的育种专家，优质稻品种种植面积最广，市场上优质米比例最高。进一步推动优质稻，如美香粘 2 号和象牙香占等一批优质稻品种的普及；通过推广"三控"技术减少倒伏的影响，提高优质稻的单产；通过发展富硒米和推广水稻增香种植技术，提升稻米品质；提升广东水稻产业效益，稳定广东粮食生产。

6. 培育领军型的大米加工企业，做实丝苗米产业联盟，打响广东丝苗米品牌　当前大米市场总体还是完全竞争市场，大米产品同质化严重，产品质量和价格之间的关系没有完全构建起来。要建设优质稻生产的集中区域，构建"基地＋农户＋公司"利益共享机制，构建大米品牌、大米品种、加工工艺、产地环境和生产环节的大米质量控制衡量体系，让优质大米卖出好的价钱，提升各地大米产品附加值。

7. 建设区域丝苗米品牌　市场对品牌型产品的需求旺盛，品牌代表着信誉，是保护和扩大市场份额的不二选择。在激烈的市场竞争下，国内大米同质化问题严重，质量参差不齐、品种混杂，企业品牌意识淡薄，难以抵抗外来大米价格优势的冲击。广东丝苗米应研发出有代表性的优质品种，由品种形成品牌。以县域为单位，打造一批标准化稻米生产示范县，要加快向国家申报"广东丝苗米"区域公用品牌，以"产品品牌＋企业品牌＋区域品牌"为抓手，全方位整体打造，创响广东丝苗米品牌。丝苗米企业要自律，严格把控产品质量关，设定由原材料到加工、销售环节的质量管理体系，确保产品安全质优。除此之外，农业信息化很关键，智慧云农业涉及物联网大数据系统、全程视频监控的追溯系统，方便消费者通过信息管理发布平台、手机、电脑上网方式查阅产品信息，进行跟踪溯源，提高对品牌、产品的忠诚度，提高产品市场竞争力。

8. 改革水稻生产保险制度，减少水稻生产风险　广东沿海地区普遍容易受到台风的影响，自然灾害频发。当前基层普遍反映水稻种植保险没有发挥应有的作用，农民水稻受灾没有得到赔付或赔付水平较低，农民缺乏购买水稻生产保险的意愿。需要改革当前水稻保险的购买方式，避免村集体统一购买而造成的主体缺失，对发生灾害而不对灾害进行核准的行为进行问责，提高政府补贴水平和保险公司的赔偿标准，真正发挥水稻生产保险的作用。

（二）科技方面

1. 集成一批高产高效种粮模式　打破单位界限，以需求为导向，提高科学种田水平。针对不同经营主体、不同区域，研究集成若干以粮食增产增效为核心的高效种植模式，加大新品种、新技术的集成化和示范推广力度；推动机械化、轻简化、标准化生产，针对广东省水稻生产机械化薄弱的环节，大力借鉴台山模式，推广机插秧模式；在合适的地区发展水稻直播，大力推广无人机在播种和病虫害防治上的应用；在受到台风影响严重的地区，大力推广"三控施肥"技术，减少倒伏对产量的影响；对于原先种植一季稻的地区，适度发展机收再生稻，提高复种指数。在合适地区推广"马铃薯＋早稻＋晚稻"或稻鱼共作模式，提升农户水田综合种养效益。

2. 建立一批高产高效种粮示范基地，树立一批高产高效种粮致富典型　以省水稻产业体系示范基地、广东丝苗米产业园等为依托，针对不同经营主体类型，在全省水稻主产区建设一批高产高效种粮模式示范基地。以示范基地为依托，开展技术示范、培训和指导等服务。通过典型示范带动，吸引更多人从事水稻产业，并有所作为。

3. 加大优质稻育种研究，满足市场不断变化需求　加强品种优质化的选育种力度，利用现代生物技术改良水稻的性状。对水稻生育期（抽穗期）、株型、株高、穗型、穗粒数、粒重、粒型、外观品质，稻米直链淀粉含量、香气、育性（光温敏不育，远缘杂种育性）、抗稻瘟病、抗白叶枯病、抗虫性、稻米中重金属含量及其他性状进行控制，真正解决水稻种业的"卡脖子"工程。以绿色发展为前提，在生产过程中全程实施健康栽培。通过全程绿色栽培管理，改善稻田环境，提高水稻自身素质，增强自身抗灾能力。同时采取生态调控、物理调控、生物防控与精准高效施药相结合，有效减少化学农药用量，实现水稻健康生育与绿色增效。打造绿色、安全、好看、好吃的产品。

(三) 服务方面

1. 改善生产条件 结合美丽乡村建设，由政府出资或补贴，整修机耕路、农田水利和排灌设施，解决因年久失修而导致的缺水等问题，改善生产条件，减少被动抛荒。

2. 大力发展农业服务市场 在条件具备的地区推动土地托管，在土地难以通过流转实现规模经营的情况下，需要大力发展农业服务市场，培养农业服务的经营主体，为种粮农户提供耕整、收割、病虫害统防统治以及产后烘干的服务。大力推广无人机在粮食生产中的应用，分区域补贴建设一批烘干中心，鼓励粮食加工企业购置稻谷烘干设备，解决产后稻谷晒难的问题。

参 考 文 献

黄章慧，李梦兴，黄广艺，等，2021. 广东省水稻生产的现状及对策 ［J］. 中国农学通
　　报，37（33）：1-7.

姜长云，2005. 关于我国粮食安全的若干思考 ［J］. 农业经济问题，（2）：44-48，80.

梁俊芬，周怀康，2017. 广东水稻生产成本收益比较分析 ［J］. 中国稻米，23（1）：
　　60-64.

谈佳隆，2008. 广东成第一缺粮大省粮食结构性短缺将长期存在 ［J］. 中国经济周刊，
　　（14）：23.

熊瑞权，谢雁芸，李倩欣，2021. 广东省水稻生产区域变迁及影响因素分析 ［J］. 农村
　　经济与科技，32（2）：8-10.

叶延琼，章家恩，秦钟，等，2013. 广东省水稻产业发展规划探讨 ［J］. 江苏农业科
　　学，2013，41（3）：1-5.

曾勰婷，张忠明，王静香，等，2021. 中国粮食消费需求分析与展望 ［J］. 农业展望，
　　17（7）：104-114.

张磊，万忠，方伟，等，2022. 广东省粮食生产现状、制约瓶颈及突破路径 ［J］. 南方
　　农村，38（1）：4-8，32.

后 记

　　本书受到了广东省"十三五"和"十四五"农业农村厅现代农业产业体系水稻创新团队项目、广东省粮食生产情况监测项目、2018年广东农业农村厅发展"三高"农业项目省级农业农村经济研究课题"广东水稻产业节本增效及振兴发展战略研究"和国家社会科学基金（20BGL183）的资助。自2016年进入该水稻创新团队以来，在水稻产业体系首席专家钟旭华研究员及体系团队成员支持下，研究团队进行了大量宏观数据收集和实地调研工作，并在此基础上撰写各年的水稻产业分析报告，本书是在以上基础上完成的。项目组比较系统的调查包括：2017—2018年依托水稻创新团队试验站系统对广东全省水稻种植户进行了调查；2019年初对广东种粮大户的调查；2021年7月份通过系统选点随机抽样的方式对广东省水稻种植户进行了新一轮广泛调查；2022年初对广东部分粮食主产区的种粮大户进行了调查。2019年，研究团队还对广东省的各地粮食加工企业以及超市大米产品市场进行了调查。此外，研究团队系统收集了涉及广东省水稻产业的宏观数据，包括水稻种植面积、产量、价格以及宏观层面投入产出和成本收益数据。以上微观和宏观的数据让研究团队基本了解了广东省水稻产业的现状，对广东粮食产业有了较为直观全面的认识。

　　通过这些年的调研，我们发现广东各地地形地貌差异大，经济发展程度各不相同，但粮食生产总体效益不高是事实，农民种粮积极性有待改善，广东粮食总体供给不足，难以满足省内需求，且缺口呈现逐年扩大趋势。在调研中，被调查农户普遍反映粮食价格已经十多年未变，而肥料种子价格上涨很多，人工成本已经翻了几番，土地租金日渐上涨。

越是经济发达的地区，农户种粮积极性越低。土地因素是限制粮食生产效率提升的主要因素，广东种粮农户普遍土地经营规模小，细碎化程度高，机械化程度也相对较低，生产成本较高。土地抛荒现象存在的重要原因在于当前的土地分配导致土地细碎化，阻碍了土地的流转。部分农户家庭劳动力外出之后抛荒导致周边农户也连片抛荒，这在丘陵山区尤为普遍。与此同时，基础设施，特别是灌溉条件和机耕路缺乏导致种粮大户不愿意流转那些抛荒的土地。另外，广东很多粮食生产区域靠海，容易受到台风的影响，倒伏现象普遍，这些地区的种粮大户面临较大的自然风险。在各地的调查中也发现一些向好的变化，特别是种粮大户在部分地区迅速发展，在一些地区已经成为粮食生产的主体，小规模生产自给自足的农户在慢慢退出粮食生产。那些能够实现规模化经营的地区，粮食生产的效益也相对较好，如在调研中发现的韶关市始兴县马市镇的农户和台山都斛镇的农户，因为实现了适度规模经营，全程机械化也做得比较好，生产成本也较低，农户种粮积极性相对较高。优质稻的种植是广东水稻产业的主要特点，市场调查发现广东经济发展程度较高，优质大米有着广阔的市场，而且广东有种植优质稻的传统，这也导致广东大米价格要高于市场价格，优质稻种植也较为普遍。调研中发现在韶关始兴、南雄、清远连山和云浮罗定等地，美香粘2号、象牙香占、五星丝苗等优质稻品种已经种植多年，最近几年广东省丝苗米工程建设开展之后，优质稻有全面普及的趋势，这提升了水稻的种植效益，也为地方广东大米品牌建设打下了基础。

随着未来农村劳动力的非农化，培育专业化的种粮大户是未来必然的趋势，当前种粮农户平均年龄接近58岁，未来十年左右应该是由小农转向种粮大户的转型时期，政府应该借助这个窗口期，推动小农户向职业化的种粮大户转型顺利进行。土地是转型成功的关键，一方面要借助国家项目对土地进行整治，形成条块化或连片化的耕地，改善灌溉条件和机耕路；另一方面，要完善土地流转市场。当前各地土地流转市场发展程度不一，熟人之间的人情租金现象较为普遍，农地市场有待发育，未来要充分利用土地确权的成果，为土地集中连片流转打下基础，这样也会为水稻生产的全程机械化提供条件。除了土地因素，技术因素对提升广东水稻竞争力也至关重要。广东有一大批优质稻品种，很多已经走出省外，甚至是国外，优质的品种结合优良的气候条件和绿色的生态环境将能打造最为优质的大米，从而极大提高产品附加值。广东诸多地区具备这些条件，而且已经形成优势产区，打出了一定名气。广东还有一批适合各地的轻简高效、省肥省力的生产方式和技术，如"三控施肥"技术、香稻增香技术、无人机直播技术和越来越普及的无人机施药技术，这些都已经形成了较好的模式，其有效推广将能极大降低生产成本，提升水稻种植效益。此外，稻米产业链的打造也显得至关重要，打造广东丝苗米品牌除了发展生产、普及优质稻种植，也要构建长效的"公司＋农户/合作社"的合作机制，建立生产者、加工企业和销售环节的利益共享和长效合作机制，这样才能进行标准化生产，保障广东丝苗米品质，增加广东大米品牌价值，打响广东丝苗米品牌。

本书得以出版，要感谢参与调研和数据清理输入的华南农业大学经济管理学院的本科生和研究生，感谢华南农业大学经济管理学院和广东省农科院水稻研究所对本书的支持，感谢广东省现代农业产业体系水稻创新团队各岗位专家，特别是各地试验站站长对调研的多次协助和被调查地区县市农业局的支持。华南农业大学经济管理学院的石敏博士参与了本研究项目，研究生周聪、唐旺、曾牵芸、陈垚垚、颜泽东、杨永富、黄祺乐、黄一发、黄迪煜、何婷、何永东、宁康、张小山、李亚男、喻雯等与和本科生郭玫彤参与了本书部分章节的撰写，在此一一表示感谢，文责自负！

陈风波　蔡键
2022 年 4 月于广州五山